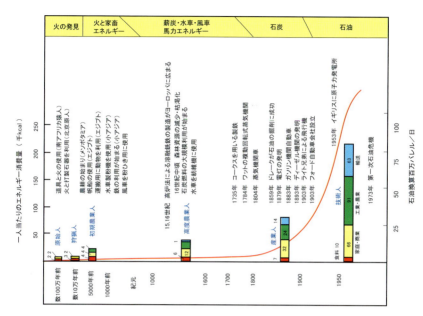

図1-1　人類のエネルギー利用の歴史

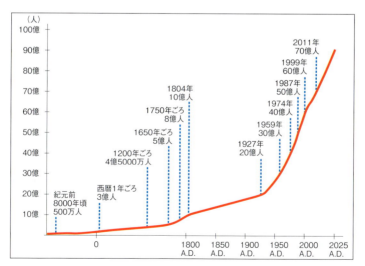

出所：https://gigazine.net/news/20111028_population_7_billion/

図1-2　世界人口の推移

口絵 2

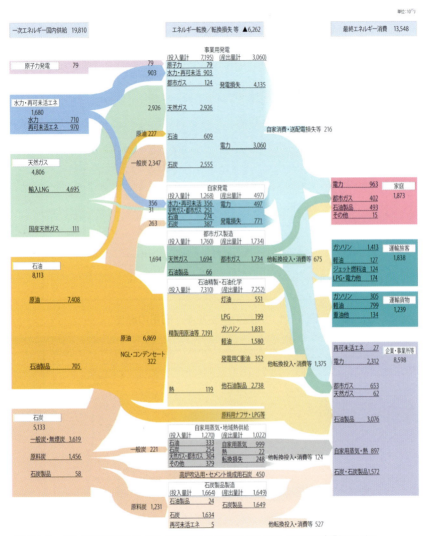

(注1) 本フロー図は、我が国のエネルギーフローの概要を示すものであり、細かいフローについては表現されていない。
(注2) 「石油」は、原油、NGL・コンデンセートのほか、石油製品を含む。
(注3) 「石炭」は、一般炭・無煙炭、原料炭のほか、石炭製品を含む。

出所：資源エネルギー庁「総合エネルギー統計（2015年度）」を基に作成

図2-1　我が国のエネルギーフロー図

口絵 3

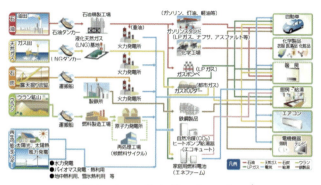

図2-2 エネルギーチェーン

出所：WTI先物期近：CME Group HP，アラビアンライトOSP：サウジアラムコ発表
図2-13 原油価格の推移

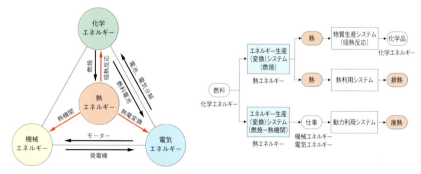

図6-1 エネルギー変換の体系　　図6-13 エネルギー利用体系

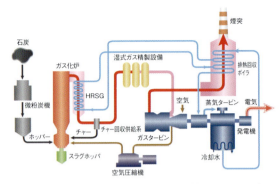

図8-10　石炭ガス化複合サイクル発電システム（IGCC）

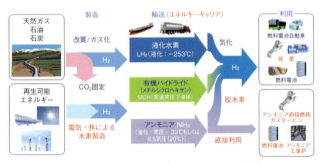

図10-11　エネルギーキャリアの概念

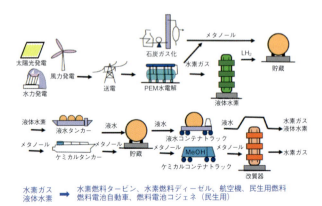

図11-6　水素インフラ

口絵 5

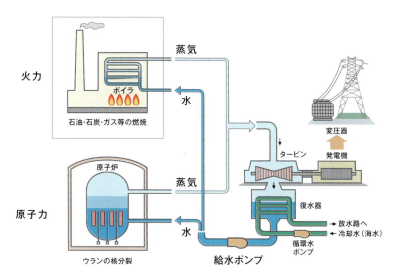

図 12-3　火力発電と原子力発電の違い[1]

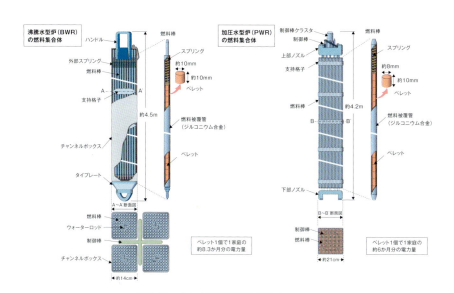

原子炉1基に数百体が装荷されている
図 12-5　燃料集合体の構造と制御棒[1]

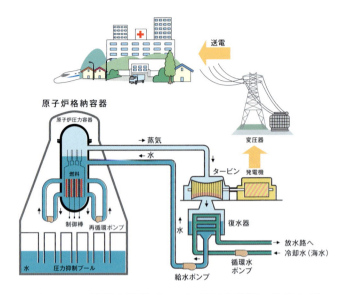

図12-7 沸騰水型炉（BWR）原子力発電の仕組み[1]

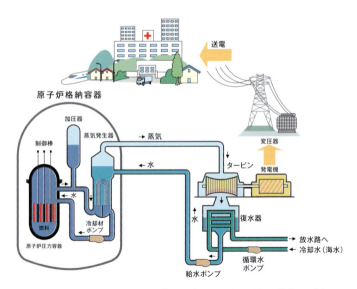

図12-8 加圧水型炉（PWR）原子力発電の仕組み[1]

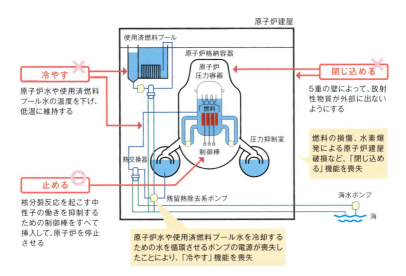

図 12-10 福島第一原子力発電所の事故概要 [1]

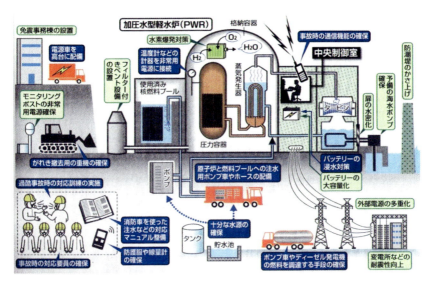

図 12-12 福島第一原子力発電所事故を踏まえた安全対策の概要

口絵 8

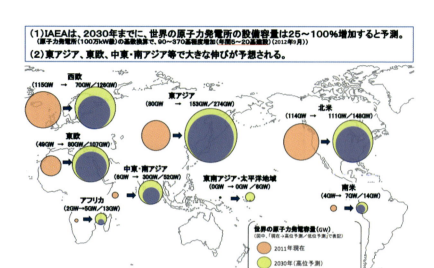

出所：原子力発電容量（GW）はIAEA予測（2012年9月）。
基数は1基100万kWと仮定して、資源エネルギー庁で推計。

図 12-13　世界の原子力発電所の見通し

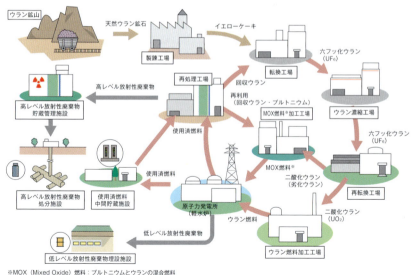

※MOX（Mixed Oxide）燃料：プルトニウムとウランの混合燃料

図 12-14　原子燃料サイクル [1]

口絵 9

天然ウランのうちの99.3%は核分裂しにくい^{238}U
→ 原子炉内部で中性子を吸収し核分裂しやすい^{239}Puに変わる
→ ^{239}Puを回収して原子炉燃料(MOX燃料)として使えば、ウランの資源量が数十倍に増える

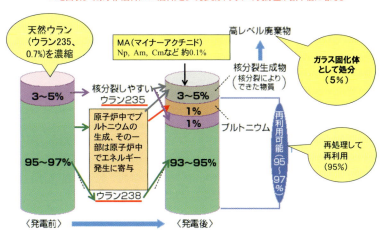

出所:鈴木篤之「原子力の燃料サイクル」エネルギーフォーラム

図 12-15　発電によるウラン燃料の変化

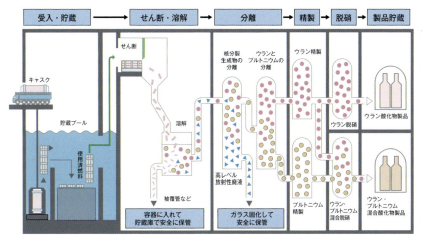

図 12-16　再処理の工程 [1]

口絵 10

放射能レベルに応じた深度や障壁（バリア）を選び、浅地中処分、余裕深度処分、地層処分に分けて処分が行われる。

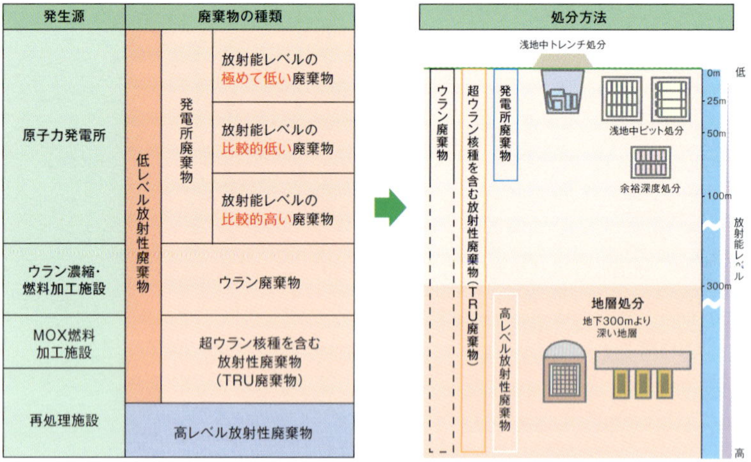

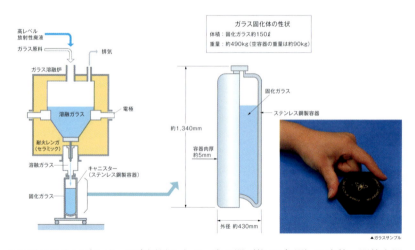

図 12 - 19　放射性廃棄物の種類と処分の概要 [1]

図 12 - 20　ガラス固化体ができるまで

このガラスサンプルは、日本国民1人が一生の間（約80年間）に直接・間接を問わず消費する全電力量の半分を原子力でまかなったとした場合、それにともなって生じる高レベル放射性廃液を固化したものに相当する。

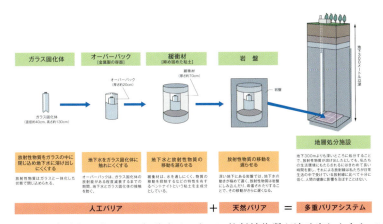

地下300 m よりも深いところに処分することで、放射性物質が溶け出したとしても、私たちの生活環境にもたらされるにはきわめて長い時間を要し、それによる放射線は私たちが日常生活の中で受けている放射線に比べて十分に低く、人間の健康に影響をおよぼすことはない。

図 12-21 高レベル放射性廃棄物の地層処分 [1]

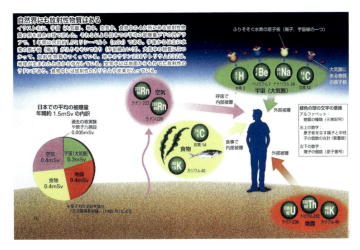

体内の放射性物質の量（体重 60kg の日本人の場合）は、カリウム 40：4000Bq、炭素 14：2500Bq、ルビジウム 87：500Bq、鉛 210・ポロニウム 210：20Bq。

図 12-26 自然界の主な放射性物質とそれによる被ばく

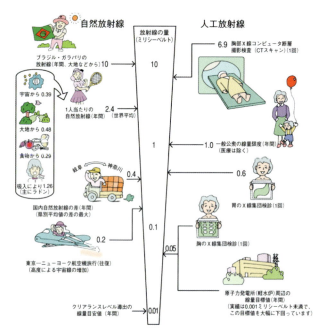

出所:資源エネルギー庁「原子力2004」他

図12-27 日常生活と放射線

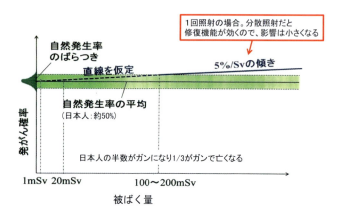

図12-28 被ばく量による発がん確率増加のイメージ

口絵 **13**

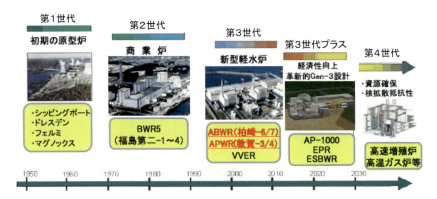

図 12-29　原子力発電プラントの進化

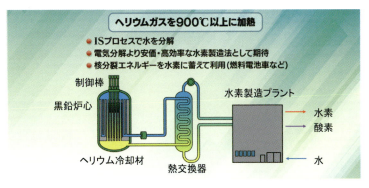

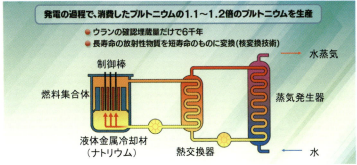

図 12-30　高温ガス冷却炉（上）　図 12-32　高速増殖炉（下）

- 核分裂の際に発生する中性子数が多い。
- ウラン(U)、プルトニウム(Pu)およびマイナーアクチニド(MA)の核分裂割合が高い。
- U、Pu、MAを燃料として核分裂を継続しつつ、Puの増殖やMAの核分裂利用、核変換が可能。

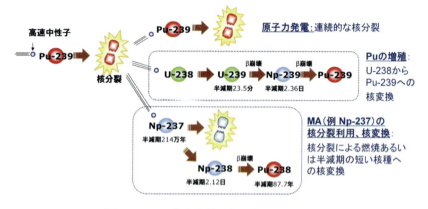

図 12 - 31　高速中性子炉の核反応の特徴

図 12 - 33　磁場核融合と慣性（レーザー）核融合

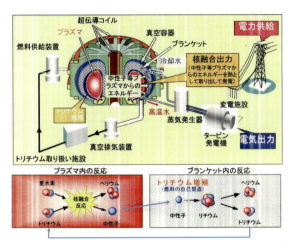

日本、ヨーロッパ連合、アメリカ、ロシア、中国、韓国、インドの7極の共同プロジェクトとして、現在、フランスのサンポール・レ・デュランスに核融合実験炉「ITER」を建設中。

図12-34　核融合炉の仕組み

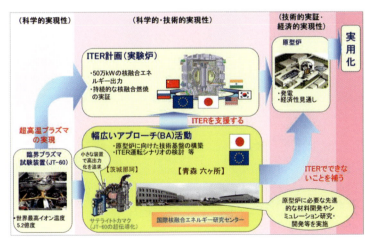

図12-35　核融合エネルギーの実現に向けた開発戦略
（ITERと幅広いアプローチ活動）

口絵 16

図 15-1　SDGs

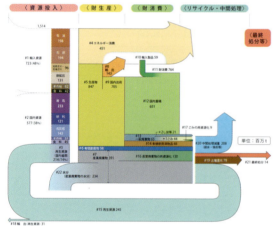

出所：産業環境管理協会／資源・リサイクル促進センター

図 15-4　我が国の物質フロー（2015年度）

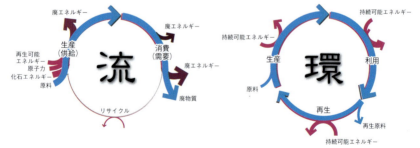

(a) 物質・エネルギー流　　(b) 物質・エネルギー環

図 15-10　物質・エネルギー流と物質・エネルギー環

エネルギーと社会

迫田章義・堤　敦司

(改訂新版)エネルギーと社会('19)
©2019 迫田章義・堤 敦司

装丁・ブックデザイン:畑中 猛

まえがき

　人類の社会・経済活動の拡大、高度化に伴い、現在社会はエネルギー・資源の枯渇の問題、そしてそれに連関した地球温暖化問題に直面している。地球温暖化は、主に化石エネルギー資源の大量消費による二酸化炭素の排出によるものと考えられ、二酸化炭素排出を低減し大気中の CO_2 濃度を現状レベルで抑え込む必要があると言われている。このために太陽光、風力、バイオマスなどの再生可能エネルギーの導入促進、高効率機器の導入促進や排熱回収や未利用エネルギーの活用などの省エネルギー技術開発、発電所や製鉄所などの大規模 CO_2 排出源からの CO_2 の分離回収・貯留（CCS）技術開発などが精力的に進められているが、決定的な解決策を未だ見出せていないのが現状である。また、東日本大震災に伴う福島原子力発電所の事故に伴い、エネルギーセキュリティも含めてエネルギー問題が国民の大きな関心事となっている。

　これらのエネルギー問題・地球温暖化問題の解決を図るには、エネルギー技術開発だけでなく、エネルギーと社会について、その関連性を本質的によく理解することが求められる。エネルギーは関連する分野が広く、純粋な科学技術だけでなく、社会科学、経済・政治さらには産業構造・社会システムまで様々な要素を考えていく必要があり、幅広い知識が求められる。

　この講義では、エネルギーと社会・経済との関係を様々な視点から考察し理解を深めるとともに、エネルギー問題について、主に技術的観点を中心に、その基礎から応用、社会的な側面も含めて俯瞰的、系統的に学習する。そのため、まず、エネルギー資源とエネルギー利用史、エネルギー需給やエネルギーと社会・経済との関係、エネルギーと地球温暖

化について学ぶ。そして、エネルギーとは何かに始まり、エクセルギーの概念、エネルギー変換と熱力学など、エネルギー学の基礎を学び、エネルギーとエネルギー変換、エネルギー技術についてその本質を理解していく。そして、エネルギー生産・利用システム・エネルギーチェーン、太陽光、風力、バイオマスなどの再生可能エネルギー技術の現状と課題、原子力エネルギーと核融合、エネルギー有効利用技術と省エネルギー、物質とエネルギーの循環、種々のエネルギー熱利用技術、複合サイクル発電など高効率発電技術、燃料電池とその応用など、最先端のエネルギー技術についてその動向を紹介するとともに、エネルギー技術を系統的に学習する。また、水素エネルギーなど将来のエネルギーシステムについても議論していく。そして、低炭素社会・持続可能な社会の実現に向けたエネルギー技術開発と今後の展望と課題についてまとめる。

2018 年 12 月

迫田　章義

堤　　敦司

目次

よえがき　　　迫田章義、堤　敦司　　3

1 エネルギー資源とエネルギー利用史
　　　　　　　　　　　　　　　　　　　　| 堤　敦司　11

　　1. エネルギー利用と人類の歴史　　11
　　2. エネルギー資源の分布と生産動向　　17

2 エネルギーと社会・経済　　| 堤　敦司　31

　　1. エネルギー構造－エネルギーチェーン　　31
　　2. エネルギー消費と需給　　38
　　3. エネルギーと経済　　44

3 エネルギーと環境　　　　　| 迫田章義　50

　　1. エネルギーの使い方　　50
　　2. 一次エネルギーの輸入　　54
　　3. 二次エネルギーの供給　　57
　　4. エネルギー消費の環境影響　　60

4 エネルギーと地球温暖化問題　│藤井康正　64

1. はじめに　64
2. 地球温暖化　65
3. CO_2排出量削減技術　70
4. エネルギーモデルによるCO_2排出削減対策の評価　75

5 エネルギーを理解するために
　　—エクセルギーとアネルギー—

　　　　　　　　　　　│堤　敦司　81

1. エネルギーとは何か？　81
2. 熱と仕事の等価性　84
3. 熱、仕事と内部エネルギー　85
4. エクセルギーとアネルギー　88
5. プロセスにおける熱・仕事・内部エネルギー　94
6. サイクルプロセスによる熱と仕事の相互変換　98

6 エネルギー変換とエクセルギー破壊

　　　　　　　　　　　│堤　敦司　103

1. エネルギー形態とエネルギー変換　103
2. エネルギー変換におけるエクセルギー破壊　104
3. 化学エネルギー　109
4. エネルギー変換　117
5. エネルギー利用体系におけるエクセルギー破壊　119

7 エネルギーの熱利用 　　　　　　｜ 堤　敦司　122

1. エネルギーの熱利用　122
2. 熱発生システムにおけるエクセルギー破壊の低減　125
3. 熱利用システムによる熱の循環利用　133
4. まとめ　142

8 高効率発電技術 　　　　　　｜ 堤　敦司　144

1. エネルギーの動力・電力利用　144
2. 発電の高効率　150
3. 燃料電池発電　155

9 再生可能エネルギー 　　　　　　｜ 迫田章義　156

1. 再生可能エネルギーの特徴　156
2. 再生可能エネルギーによる発電　160
3. バイオマスリファイナリー　167
4. 再生可能エネルギーの課題　172

10 エネルギー貯蔵・輸送システム
　　　　　　｜ 堤　敦司　174

1. エネルギー貯蔵　174
2. 電力貯蔵　177
3. 二次電池　182
4. 二次電池の種類と特徴　185
5. エネルギーキャリア　190

11 水素エネルギーと燃料電池　　　堤　敦司　192

1. 水素エネルギーネットワーク　192
2. 燃料電池　200

12 原子力エネルギーと核融合　　　寺井隆幸　217

1. 原子力発電とは　217
2. 核燃料サイクルと放射性廃棄物　225
3. 放射線の人体影響とその管理　230
4. 次世代の原子力エネルギー技術　234
5. 今後の原子力を考える上での論点　238

13 エネルギーの有効利用と省エネルギー

岩船由美子　241

1. はじめに　241
2. 省エネルギーバリア　244
3. エネルギー需給の現状　246
4. 省エネルギーの必要性　248
5. 部門別省エネルギー・CO_2削減対策　251
6. エネルギー利用効率の改善以外の省エネ　265
7. エネルギーマネジメント　266
8. おわりに　268

14 エネルギーと生活 | 岩船由美子 270

1. はじめに　270
2. 日本のエネルギーを巡る環境要因—5つのD—　270
3. 電力・ガスシステム改革とは　272
4. 家庭部門の二酸化炭素削減対策　276
5. これからの暮らしとエネルギー　286
6. おわりに　288

15 エネルギーと持続可能な社会 | 堤　敦司 290

1. 持続可能な社会　290
2. SDGs　291
3. 物質とエネルギーの循環利用—物質・エネルギー環—　293

索　引　302

1 | エネルギー資源とエネルギー利用史

堤　敦司

《目標＆ポイント》　人類がエネルギーをどのように利用してきたのか、エネルギー利用史としてまとめ、地球におけるエネルギー資源の賦存状況と将来の枯渇化などエネルギー資源問題について解説する。トピックスとしてシェールガスやメタンハイドレートなどの非在来型化石資源についても紹介する。
《キーワード》　エネルギー利用史、石油危機、化石エネルギー資源、埋蔵量、可採年数、シェールオイル、シェールガス、CBM、メタンハイドレート

1. エネルギー利用と人類の歴史

　現在、我々は過去と比較して物質的にははるかに快適な生活を送っているが、これは産業革命以降の目覚ましい科学及び技術の発達によるところが大きい。そして、この現在の人間の社会生活は大量のエネルギー消費によって支えられている。このことを人類のエネルギー利用の歴史を通して見てみよう。

(1) 16世紀のエネルギー危機－森林資源の枯渇

　（図1-1　口絵）は人類の歴史上の生産手段の変革やエネルギー消費をまとめたものである。農業を主な生産手段とした農業社会では、生活に必要な炊事や暖房には、主に薪炭、すなわちバイオマスが用いられていた。また農具や武器に用いる鉄の生産のために多くのバイオマスが用

いられていた。生産活動に必要な動力は、人間や動物の筋力か、風力、水力に依存していた。世界人口は紀元前で数千万人と考えられ、長い時間かかって徐々に人口は増加していったが、近世に至るまで数億人に充たなかった（図1-2　口絵）。この間の人口増加は、木を伐採し鉄を生産するとともに、森林を農地に変え耕地面積を増大させて農業生産力を向上させることによって可能となったのである。1人当たりの生産力、エネルギー消費はごく僅かで、長い期間かかって人口の増加とともに徐々にエネルギー消費量も増加してきた。このため徐々に森林の消失が進み、ローマ時代において現在のドイツ、フランスなどヨーロッパの大部分は森林で覆われていたが、産業革命直前ではほぼ耕地化され、森林資源の枯渇・欠乏が危機的な段階に達していた。この16世紀中ごろヨーロッパにおける森林資源の枯渇、薪炭不足に伴う深刻なエネルギー危機が人類最初の産業革命の契機となった。なかでもイギリスにおけるエネルギー危機がもっとも深刻であり、国土の森林がほぼ消失したといわれている。これに対してイギリスがとった対策は、代替エネルギーとして石炭を家庭用、工業用燃料として導入することであった。その結果、行き詰まっていたイギリス工業生産は再び活気を取り戻し、1540～1640年の間「初期産業革命」とよばれるような急激な経済成長を遂げたのである。こうしてイギリスの石炭生産量は1540年ごろの年20万トンから、1650年ごろ約150万トン、1700年ごろ約300万トンへと飛躍的な増加をみた。ちなみに17世紀後半のイギリス一国の石炭生産量は、全世界のほぼ85%を占めていたのである。

　また、多くのエネルギーを必要とする製鉄でも18世紀になると石炭コークスが利用されるようになる。14、15世紀に出現し、16世紀にイギリスを中心にヨーロッパに広まった高炉法は、まだ木炭を原料にしていた。18世紀にイギリスで木炭のかわりに石炭コークスを高炉に用い

ることに成功し、木炭から石炭へと燃料転換が進んでいった。石炭コークスを利用した高炉法と石炭を燃料とする蒸気機関による送風・加工技術、そしてプロセスのスケールアップによって鉄の低コストでの大量生産を可能とし、産業革命、そしてヨーロッパの帝国主義的進出へとつながっていったのである。

（2）17世紀の動力危機

　一方、石炭の導入による生産の拡大にともなって、輸送などの動力不足が深刻な問題となっていった。当時、動力は主として畜力とくに馬力の供給に依存していたから、動力需要の増大は家畜の増加とそれに伴う飼料の増産が必要となっていった。新しい農業技術の技術革新がなされ農業生産が高められたが、土地と農業生産には限りがあり、家畜と人間が食糧と土地をめぐって競合するようになった。これを解決したのが、1781年のワットの蒸気機関の改良である。これによって動力革命がもたらされ、1785年によるカートライトによる力織機の発明などと相まって蒸気力を動力とする機械制工場生産が確立されていくとともに、鉄道による大量輸送が実現されていった。

　以上のように、16世紀以降、バイオマスから石炭という化石エネルギーに転換し、これを大規模に利用することによって、産業革命を興し、工業生産を発展させていったのである。その結果、（図1-1、2　口絵）に見られるように、人口の増大とともに、エネルギー消費量がそれを上回る勢いで急激に増大していったのである。

（3）20世紀－石油の世紀

　19世紀末になると石油の導入が始まる。1859年、アメリカのドレークがペンシルベニア州オイルクリークで、機械掘りによる油井の掘削に

初めて成功していたが、19世紀後半の石油の用途は主に灯火用としての灯油の生産が主体で、ガソリンはむしろ危険な副産物として廃棄されていた。その石油の用途が一変したのは19世紀末から20世紀初頭にかけてで、1879年のエジソンによる電灯の発明、1883年のダイムラーによるガソリン自動車の発明、1893年のディーゼルによるディーゼル機関の発明などを契機とするものであった。電灯の普及により石油ランプは後退して灯油の需要は減少していったが、20世紀になり自動車の発展が契機となりガソリンの需要が急激に増大し、石油の世紀が始まった。特に、1913年、フォードがT型とよばれた自動車をベルトコンベヤー方式によって大量に生産するシステムを確立して以来、急激に自動車が普及し、ガソリンの需要が激増した。さらに第一次世界大戦で石油の重要性が認識され、航空機および小型高速ディーゼル機関の発達、船舶用燃料の石炭から重油への転換など、石油が特に移動体の動力用エネルギーとして大量に利用されるようになった。特に、石油は戦争に不可欠な戦略物質として認識されるようになり、第二次世界大戦は、石油資源の争奪戦とも言われた。

　しかし、今日、石油エネルギー時代ともいわれるように石油が広範な分野で利用されるようになり、石炭からエネルギーの主役を奪ったのは第二次世界大戦後である。図1-3は世界のエネルギー資源の変遷を示しているが、第二次世界大戦以前までは、石炭が主で、その後急激に石油が増加しているのがわかる。1950年代から中東地域に大規模な油田が開発され、石油が安価に大量に入手できるようになり、急激なモータリゼーションの進展、石油火力発電の普及など、エネルギーの主役は完全に石炭から石油に移った。また、石油からは、ガソリンのみならず石油ガス、ジェット燃料、灯油、軽油、重油など多くの燃料が得られるとともに、石油化学の原料となるナフサも副産される。ナフサをクラッキ

ングしエチレン、プロピレン、BTX などを生産し、それから各種化学品、化学繊維やプラスチックなどほとんどの工業製品の素材を生産することができる。我が国の化学産業は第二次世界大戦後に、中東からの輸入原油の副産物のナフサを原料として構築された石油化学産業である。

このように、エネルギー源の王座は石炭から石油へ大きく転換して石油大量消費時代に入り、いわゆるエネルギー革命が起こった。図1-3に1860年から現代に至るまでの世界人口とエネルギー供給の変遷を示した。産業革命以降、石炭エネルギー消費が人口増とともに増大していったが、20世紀に入り、特に第二次世界大戦以降、大量の石油が消費されるようになり、世界のエネルギー消費が爆発的に増加するとともに、人口も発展途上図を中心に急増していった様子がわかる。20世紀になり人類は石油エネルギーを大量に消費することによって物的生産が拡大し、目覚ましい経済発展がなされ高度工業化社会が実現できたのである。

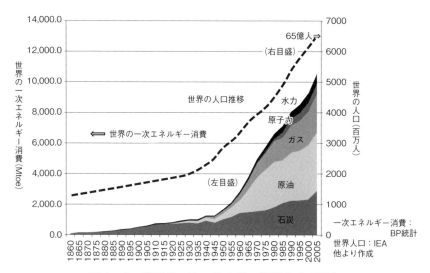

図1-3　世界の一次エネルギー消費と人口増加

（4）石油危機とエネルギー多様化の時代

　1973 年に第 4 次中東戦争を契機とした石油危機（オイルショック）が起こった。石油輸出国機構（OPEC）が石油公定価格を 1 バレル 3.01 ドルから 5.12 ドル、最終的に 11.65 ドルまで引き上げられた。石油価格の高騰と供給逼迫により、先進工業国の経済に大きな影響を与え、世界同時不況に陥った。特に、エネルギー源の多くを中東の石油に依存してきた日本の受けた影響は大きく、狂乱物価とまでいわれたすさまじいインフレーションを巻き起こした。さらに、1979 年にはイラン革命に端を発した第二次石油危機、2004 年以降の石油価格の高騰（第 3 次石油危機とも呼ばれる）と原油価格の高騰が続いた。

　石油危機以降、世界経済が中東の石油に過度に依存していることが見直され、北海油田など中東以外での新しい油田開発が行われるようになった。また、天然ガスや石炭などの代替エネルギー導入や原子力エネルギー開発の促進、太陽光、風力、バイオマスなど再生可能エネルギーの活用の模索、また省エネルギー技術の研究開発などが進められるようになった。そして、石油、石炭、天然ガスなど在来型化石エネルギー資源と原子力エネルギーを組み合わせるエネルギー資源の多様化と太陽光、風力、バイオマスなどの再生可能エネルギーの導入が進められてきている。

（5）地球温暖化問題への対応

　ローマクラブが 1972 年に出した報告書「成長の限界」は人口の増加と経済的成長には限界があることを示し、その後に石油危機が起こったことと合わせ、人類の成長には地球規模での資源的な制約が存在することを認識させられるに至った。また、フロンによるオゾン層の破壊の危険性は早くから指摘されていたが、実際に南極でオゾンホールが観察さ

れるに至り、人類の生産活動が地球規模の変化を引き起こすのだということを認識せざるをえなくなった。地球温暖化の兆候が現れるに至り、人類は地球環境といった制約もあることに気がついたのである。

地球温暖化や酸性雨といった地球環境問題は、エネルギー消費と密接に関係しており、化石エネルギーである石油・石炭・天然ガスを大量に消費していることが大気中の二酸化炭素濃度を増大させ地球温暖化を引き起こしている最大の原因であると考えられている。再生可能エネルギー（太陽光、バイオマス、風力など）の導入促進、省エネルギー技術開発、CCS（CO_2 分離回収・貯留）技術の開発などによって二酸化炭素排出量を削減し、低炭素社会を実現していくことが重要な課題となってきている。

2. エネルギー資源の分布と生産動向

（1） 化石エネルギー資源の賦存量

化石エネルギー資源は当然ながら枯渇するものであり、人類が利用できる資源量には限界がある。その残されている量を埋蔵量と呼ぶが、将来にわたって利用可能と見込まれる最大量を究極（可採）埋蔵量というが、実際は技術的・経済的に成り立つ必要があるため、すべて利用できるのではなく、現在の技術で開発でき経済的に成り立つことを確認した埋蔵量を確認可採埋蔵量（R）とよび、これが現実的なポテンシャルと考えられている。図1-4に埋蔵量に関する概念を示す。確認可採埋蔵量を年生産量（P）で割ったものが可採年数（R／P）で化石エネルギー資源を利用できる期間を表す指標の1つとして用いられている。確認可採埋蔵量は探査・採掘技術の進歩、経済性の向上および資源量の確認によって増加したり減少したりする。しかし、資源には必ず寿命があるはずで、究極可採埋蔵量を年生産量で割ったものが一応寿命の目安と考え

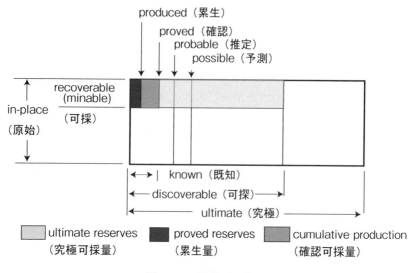

図1-4 埋蔵量の概念

表1-1 世界の化石エネルギー資源埋蔵量

	石油	天然ガス	石炭
確認可採埋蔵量(R)	1兆6,976億bbl	186.9兆m^3	8,915億t
年生産量(P)	335億bbl	3.54兆m^3	77.9億t
可採年数(R/P)	50.7年	52.8年	114年

（注）bbl（バレル）は石油の体積の単位で約159ℓ。
出所：BP統計「Statistical Review of World Energy 2016」

られる。また、石油の場合は、油井の生産量はピークを持ち、生産後期では生産量は減少していくことから、石油の産出量が最大となる時期・時点を石油ピークとよび、石油資源開発の1つの限界を示す指標とされている。

表1-1は、石油、天然ガスおよび石炭の確認可採埋蔵量、年生産量および可採年数をまとめたものである。石油、天然ガス、石炭の確認可

採埋蔵量は2000年ぐらいまで、それぞれ40年、60年、200年であったが、中国等の新興国での急激なエネルギー消費の伸びとシェール革命などの非在来型資源の開発の進展によって、石油、天然ガス、石炭の確認可採埋蔵量は2015年末で、それぞれ51年、53年、114年と変化してきている。

（2）石炭

石炭は産業革命から20世紀中庸まで、エネルギー資源の主役であったが、その後、石油に切り替わり、石油危機を契機として産業用・発電用燃料として復活した。我が国では戦後の復興を国内炭により支えたが、高度成長以後の石油エネルギー革命によって、国内炭坑は廃止されていき、今に至る。

石炭は、世界的には現在でも主要なエネルギー源であり、特に中国、アメリカ、ドイツなどでは発電用途などの重要なエネルギー資源となっている。エネルギー消費量当たりの二酸化炭素排出量が他の化石エネルギーに比べて多く、また燃焼によって酸性雨などを引き起こすNOx、SOxが多く発生する。このため地球環境への負荷が大きく、クリーン・コール・テクノロジーの開発が進められている。

石炭は植物を起源とする化石エネルギー資源で、大昔（数千万年前～数億年前）に植物が湖や沼の底に積み重なったものが、地中の熱や圧力の影響を受け、石炭化したと考えられている。石炭化の程度によって、石炭化度が進んだものから順に、無煙炭、瀝青炭、亜瀝青炭、褐炭という炭種に分類されている。褐炭は、若い石炭で、埋蔵量は多いが、水分や灰分を多く含む低品炭であり、主に産地国での発電用途に消費されている。

世界における石炭の可採埋蔵量は8,915億トンで、可採年数（可採埋

蔵量／年産量）が114年（BP統計2016年版）と石油等の他の化石エネルギーよりも長いという特長がある。図1-5に石炭の可採埋蔵量の国別の分布を示した。米国（26.6%）、ロシア（17.6%）、次いで中国（12.8%）に多く埋蔵されているが、天然ガスや石油と比べて地域的な偏りが少なく、世界に広く賦存している。石炭の可採埋蔵量のうち、瀝青炭と無煙炭が4,032億トン、低品位炭である亜瀝青炭と褐炭が4,883億トンである。

また、石炭の用途には主に発電・ボイラーなどの燃料用途と製鉄用のコークス製造があるが、燃料用途に用いられる石炭を一般炭、製鉄用の

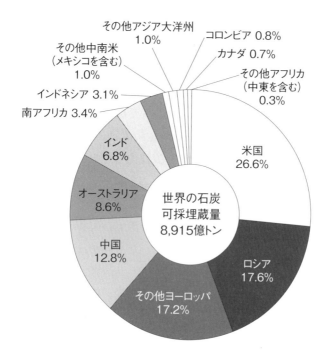

出所：BP「Statistical Review of World Energy 2016」を基に作成
図1-5　世界の石炭資源の分布

コークス製造に用いられる石炭を原料炭とよび区別している。2015年の世界の石炭生産量（褐炭を含む）は77億866万トンと推計されているが、このうち75.4%に相当する58億1,143万トンが発電・ボイラーなどの燃料用途の一般炭で、コークス製造に用いられる原料炭は総生産量の約14.1%に相当する10億8,987万トンである。熱量が低く、生産地での発電燃料など用途の限られる褐炭は2000年代を通して生産量は8億トン台で推移している。

図1-6に、世界の石炭消費量（褐炭を含む）の推移を示す。2015年の世界の石炭消費量は77億595万トンと推計されており、国別シェアを見ると、上位3か国は、中国（49%）、インド（12%）、アメリカ（9%）で、

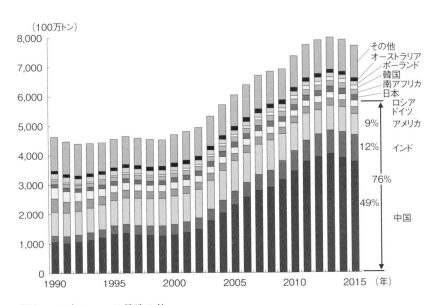

（注）2015年データは見込み値。
出典：IEA「Coal Information 2016」を基に作成

図1-6　世界の石炭消費量の推移

中国だけで世界のほぼ半分を消費している。中国は2000年代に入り経済成長に伴って石炭消費量を急激に増加させたのがわかる。また、中国（49%）とインド（12%）の2か国で世界の石炭消費量の60%以上を占め、これらに米国、ドイツ、ロシアを加えた上位5か国で世界の76%を消費している。

（3）石油

　石油の由来は、太古の昔、水中のプランクトンの死骸などが土砂と共に浅い海や湖に堆積し、微生物によってケロジェンという有機物に変化し、そのケロジェンの上にさらに泥や砂が積もり、化学反応が進み、地熱によって長い時間をかけて分解され、液状になったものが石油、気体状になったものが天然ガスであると考えられている。

　原油は様々な炭化水素の混合物であり、製油所で、石油ガス、ナフサ、ガソリン、灯油、軽油、重油、アスファルトや石油ピッチに蒸留によって分けられる。これら各留分の割合は原油の種類によって異なっており、需要が最も多いガソリン等軽質留分は少ないため、これを重質油の分解（FCC）により増産する。

　世界の石油確認埋蔵量は2015年末で1兆6,976億バレルで、これを2015年の石油生産量で除した可採年数は50.7年となる。1980年代以降、可採年数はほぼ40年前後であったが、最近、ベネズエラやカナダにおける超重質油の埋蔵量が含まれるようになったこともあり、可採年数は増加傾向にある。

　図1-7の石油確認埋蔵量の国別・地域別の分布をみると、2015年末時点では、世界最大の確認埋蔵量を保有しているのはベネズエラ（17.7%）であり、長期にわたり1位を保っていたサウジアラビア（15.7%）は、2010年以降2位となっている。以下、カナダ（10.1%）、イラン（9.3%）、

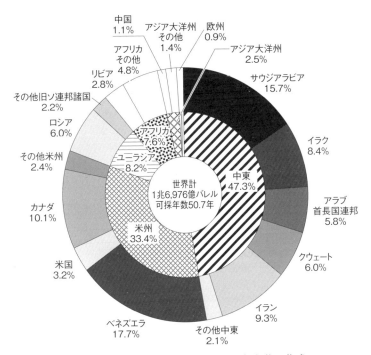

出所：BP「Statistical Review of World Energy 2016」を基に作成
図1-7　世界の石油確認埋蔵量（2015年末）エネルギー白書

イラク（8.4%）、ロシア（6.0%）、クウェート（6.0%）、アラブ首長国連邦（5.8%）と主に中東産油国が続き、中東諸国だけで、世界全体の原油確認埋蔵量の約半分を占めている。このように石油資源は地域的にかなり偏在しているのが特徴である。

　図1-8は世界の地域別の原油生産動向を示している。世界の原油生産量は、石油消費の増加とともに拡大し、1973年の5,846万バレル／日から2015年には9,167万バレル／日と、この40年余りで約1.6倍に拡大した。地域別に見ると、2000年以降では欧州での減産が進む一方で、

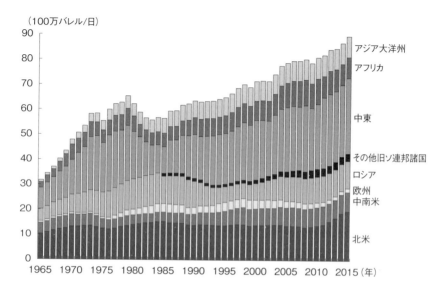

(注) 1984年までのロシアには、その他旧ソ連邦諸国を含む。
出所：BP「Statistical Review of World Energy 2016」を基に作成

図1-8　世界の地域別の原油生産動向

アジア大洋州とアフリカ、中南米の石油生産量はほぼ横ばい、ロシア、中東、北米の生産量は堅調に増加している。特に、北米での生産量の増加は、近年のシェールオイル生産技術革新により米国でシェールオイルの生産量が急速に増加したことが大きい。世界のシェールオイルの可採資源量は3,450億バレルと推定されており、主に米国、ロシア、中国、アルゼンチン等に賦存している。

(4) 天然ガス

図1-9に天然ガス資源の分布を示す。世界の天然ガスの確認埋蔵量は、2015年末で約186.9兆m^3であり、天然ガスの可採年数は52.8年と

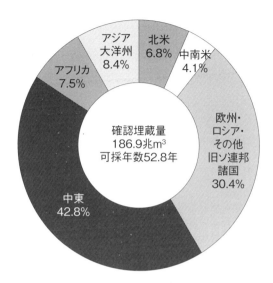

出所：BP「Statistical Review of World Energy 2016」を基に作成
図1-9　天然ガス資源の分布

なる。中東のシェアが約42.8%と高く、続いて欧州・ロシア及びその他旧ソ連邦諸国が約30.4%となっている。石油ほどではないがやはり偏在しているエネルギー資源である。

天然ガスの輸送にはパイプラインを利用する方法と液化天然ガス（LNG、Liquefied natural gas）としてLNGタンカーで運搬する方法がある。LNGは天然ガスを－162℃に冷やして液化したもので、液化輸送の過程で約25%のガスの損失があるが、液化することによって脱硫をも行うため、クリーンなエネルギー源とすることができる。また、炭素1に対して水素が4で、燃焼時の発熱量当たりのCO_2発生量が小さく、地球環境負荷は小さい。

図1-10に世界の天然ガスの消費量の推移を示した。天然ガス消費は

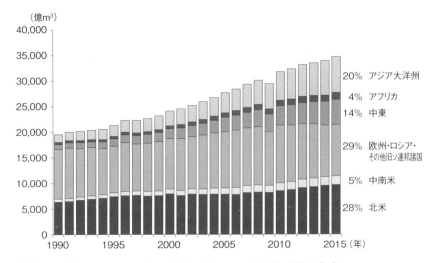

出所:BP「Statistical Review of World Energy 2016」を基に作成
図1-10 世界の天然ガス消費量の推移

北米、欧州・ロシア及びその他旧ソ連邦諸国で世界の約57%を占めている。2005年から2015年の間、世界の天然ガス消費は年率2.3%で増加している。天然ガスは他の化石燃料に比べて環境負荷が低いこと、コンバインドサイクル発電等の技術進歩、競合燃料に対する価格競争力の向上によって近年までは天然ガス利用が拡大してきた。

図1-11に日本・米国・OECD欧州の一次エネルギー構成を示した。2014年の一次エネルギー総供給量に占める天然ガスの割合は、米国28%、OECD欧州22%に対して、日本もほぼ近い24%となっている。欧州や北米では、天然ガスのパイプライン網が整備されており、天然ガス利用が進みやすい状況にある。また、LNG貿易もアジア向け輸出を中心として拡大している。特に、我が国では、東日本大震災後に停止した原子力発電の多くを天然ガス火力発電で代替した影響で、2010年の

17%から24%まで急増した。

　図1-12に日本・米国・OECD欧州の用途別天然ガス利用状況を示した。米国、OECD欧州では民生用や産業用としての利用の割合が高く、発電用としての利用の割合はそれぞれ33%、29%と低いことがわかる。これに対して、我が国では、LNG（液化天然ガス）の形態でしか輸入できず、輸入価格が割高であったこと、インフラ整備を伴うため電力会社や大手ガス会社が開発の中心とならざるを得なかったため、産業用は13%、民生・その他用は15%に過ぎず、発電用としての利用が全体の72%を占めている。

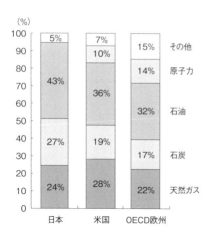

（注）端数処理の関係で合計が100%にならない場合がある。
出所：IEA「World Energy Balances 2016 Edition」を基に作成

図1-11　日本・米国・OECD欧州の一次エネルギー構成

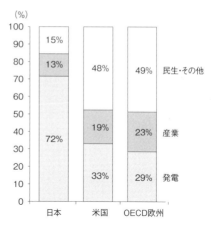

（注）端数処理の関係で合計が100%にならない場合がある。
出所：IEA「World Energy Balances 2016 Edition」を基に作成

図1-12　日本・米国・OECD欧州の用途別天然ガス利用状況

(5) 非在来型資源
1) シェールガス

頁岩（シェール）層に含まれている天然ガスで、最近、技術革新により採掘が可能となった非在来型天然ガスの一種。アメリカ、ロシア、中国、ポーランド、ウクライナなど古い堆積地層のある大陸に広く存在するとされている。特に、アメリカでは、シェール層が国土のほぼ全域に広がり、埋蔵量は100年分を超えるといわれており、図1-13に米国の在来型ガス、シェールガスおよびCBMの生産量を示した。2007年以降、シェールガスの生産量が急激に増えていき、既にシェアが50%に達しているのがわかる。この安価なシェールガスの生産が世界のエネルギー事情に大きな変化を与えており、この動きは、シェールガス革命あるいはシェール革命とも呼ばれている。

2013年7月に公表された米国エネルギー情報局（EIA）の評価レポートによると、シェールガスの技術的回収可能資源量は、評価対象国合計で206.6兆m^3とされており、在来型天然ガスの確認埋蔵量よりも多いと推計されている。

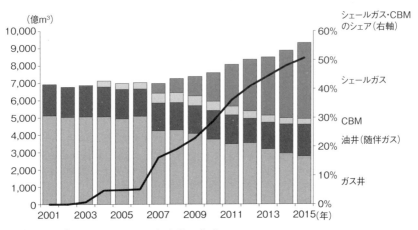

出所：EIA「Natural Gas Data」を基に作成

図1-13 米国の在来型ガス、シェールガスおよびCBMの生産量

2）メタンハイドレート

メタンハイドレートはメタンと水のクラスレート（包接体）（図1-14）でシャーベット状のガス水和物である。温度が低く圧力が高い条件下で安定的に存在する。深い海底やシベリヤの永久凍土地帯などで発見されている（図1-15）。最近、日本の近海でもメタンハイドレートの存在が確認され、その開発の期待が高まっている。

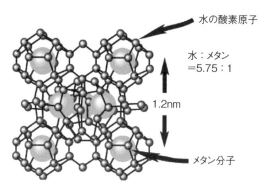

図1-14　メタンハイドレートの分子構造

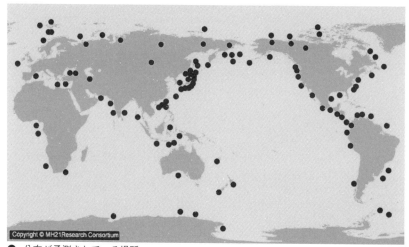

● 分布が予測されている場所

図1-15　世界のメタンハイドレートの分布

(6) ウラン資源

図1-16にウラン生産量とウラン資源量の分布を示す。ウラン資源は世界に広く分布しており、カナダ、豪州、カザフスタン等が生産量、資源量ともに上位を占めている。ウランも化石エネルギー資源であり、核燃料サイクルが確立できなければ石油や天然ガスと同じぐらいかそれ以下で枯渇すると考えられている。

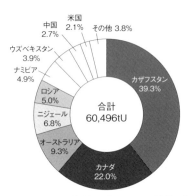
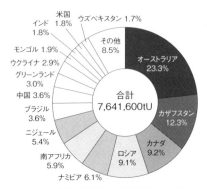

(a) ウラン生産量　　　　　　　　　(b) 既知資源量

図1-16　世界のウラン生産量と既知資源量（2015年）

2 エネルギーと社会・経済

堤　敦司

《目標&ポイント》 現代の人類の社会活動・生活におけるエネルギー消費と供給（エネルギー需給）の現状と問題点、エネルギーと経済の関係などエネルギーと関連する社会・経済的課題について解説する。
《キーワード》 エネルギーチェーン、一次エネルギー、二次エネルギー、液化天然ガス（LNG）、リファイナリー、一次エネルギー供給、最終エネルギー消費、エネルギー自給率、エネルギーセキュリティ、電源構成、石油価格、石油危機

1. エネルギー構造－エネルギーチェーン

（1）我が国のエネルギーフロー

　我々は、石油、天然ガス、石炭などの化石エネルギー、バイオマス、太陽光、風力などの再生可能エネルギーおよび原子力エネルギーを、電力や燃料といった使いやすいエネルギーの形態に変換して利用している。元のエネルギーを一次エネルギー、変換した電力と燃料を二次エネルギーという。
　石油、天然ガス、石炭などの化石エネルギーはほぼ全てが海外から輸入され、国内で原子力エネルギーや再生可能エネルギーと合わせて、エネルギー変換部門（発電所、石油精製所など）で電力、燃料の二次エネルギーに変換されている。この国内にエネルギーが供給あるいは生産されてからエネルギー変換部門までのエネルギー供給を一次エネルギー供

給と呼ぶ。また、二次エネルギーが消費者に供給され実際に消費されたエネルギー量を最終エネルギー消費という。(図2-1　口絵)に我が国のエネルギーフロー図を示す。一次エネルギー供給が 19.8×10^{18} J であるのに対して、最終エネルギー消費は 13.5×10^{18} J と7割弱となっている。これは、国内に供給されたエネルギーが最終消費者に供給されるまでには、発電ロス、輸送中のロス、および発電・転換部門での自家消費などが発生するためで、特に発電損失が大きいことがわかる。

　それぞれの一次エネルギーからどのような二次エネルギー(電力または燃料)に変換されているのかを見ると、再生可能エネルギーおよび原子力は、そのほとんどが電力に転換されているのがわかる。また、天然ガスは、発電と都市ガス用に消費されている。石炭も、発電と製鉄に必要なコークス原料として用いられている。これに対して、石油は、電力転換はわずかで、ほとんどがガソリンなどの燃料油、石油製品と石油化学原料として消費されている。

(2) エネルギーチェーン

　石油、天然ガス、石炭などの化石エネルギーは、それぞれ油田、ガス田、炭田といわれる化石エネルギー資源が埋蔵されている地域から生産され、不純物などを分離精製された後、エネルギー生産地から、エネルギー転換部門(発電所、石油精製所など)にタンカー、パイプラインなどで輸送され、二次エネルギー(電力と燃料)に転換される。そして、電力はグリッドと呼ばれる送配電網を経由して電力消費者まで送られ、消費される。ガソリンのような燃料はローリーなどでガソリンスタンドまで輸送され、消費者に供給される。このように、エネルギーも一般の商品と同じく、生産-流通-消費(利用)の一連の流れから成り立っている。この石油、石炭、天然ガスなどのエネルギー資源の採掘に始まり、

それらを二次エネルギーに加工して、輸送・流通させ、最終的に熱や動力・電力としてエネルギーを利用するまでの一連の流れをエネルギーチェーンという。

今日我々は膨大な量のエネルギーを消費しており、エネルギーチェーンは、エネルギー資源の採掘→精製・加工→輸送・貯蔵→利用設備の巨大なインフラとなっている。物質量だけで見ても、我が国の輸入資源は7.2億トンで、このうち石油、石炭などのエネルギー資源が4.9億トンにもなっている。

現代の主なエネルギーチェーンとしては、1) 燃料油、2) ガス、3) 電力の3つがある。エネルギー資源からの生産－流通－消費のエネルギーチェーンについて、(図2-2　口絵) にまとめた。

1) 燃料油

石油は、資源の探索から始まり油田から原油が生産される。重油は重油タンカーで我が国まで輸送し、製油所（リファイナリー）で精製され、ガソリン、灯油、軽油、重油、LPガスなどの燃料が生産される。ガソリンなどの燃料油は、ローリーでガソリンスタンドまで輸送され、一般消費者に販売される。重油や重質残油は火力発電所で燃料として使用し電力生産される。

図2-3に、製油所（リファイナリー）における燃料油の生産プロセス体系を示した。石油タンカーで輸入した原油を、常圧蒸留・減圧蒸留プロセスおよび精製プロセスで分離精製し、ガソリン、灯油、軽油、重油、LPガス、石油化学用のナフサ等の石油製品を生産・供給する。ガソリン需要が最も高いため、重質油を接触分解させてガソリン留分を得る流動接触分解プロセスなどが導入されている。また、ナフサは、エチレンプラントで熱分解して、エチレン、プロピレン、BTXなど石油化

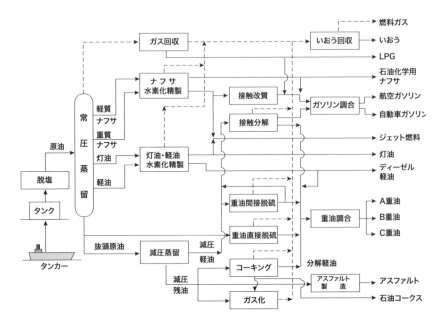

図2-3 製油所（リファイナリー）

学の基礎化学品が生産され、プラスチックなど様々な石油化学製品がつくられていく。このように、石油からは燃料油だけでなく、石油化学製品もつくられている。これを連産品という。

2）ガス

　天然ガスは分離・精製した後、パイプラインで輸送される。特に北米、欧州では天然ガスのパイプライン網が発達している。図2-4に欧州における天然ガスパイプライン網を示す。ロシアおよびアフリカという二大天然ガス供給地域から欧州全土に供給できるパイプライン網が構築されており、安い輸送コストで大量供給が可能となっている。それに

対して、我が国は天然ガス供給地域からパイプライン輸送ができないため、-160℃以下にして液化させた液化天然ガス（LNG）の形で、LNGタンカーにより輸入し、国内の受入れ基地でガスに戻した後、都市ガスとして利用する場合はパイプラインで供給する（図2-5）。産業用燃料ガスとして利用する場合は、需要サイトでサテライト基地を設け、LNGローリーで供給することも行われている。

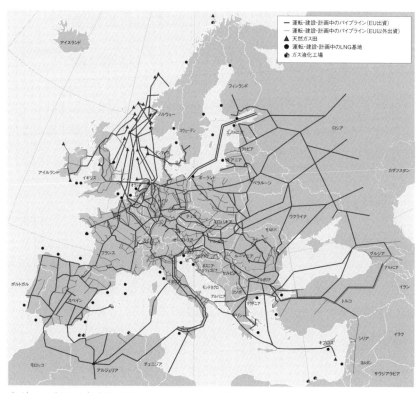

出所：日本原子力文化財団_eurogas「STATISTICAL REPORT 2015」より作成
図2-4　ヨーロッパにおける天然ガスパイプライン網

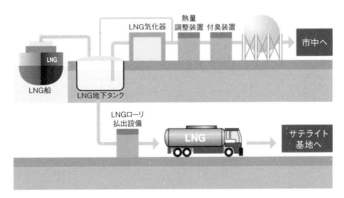

出所:西部ガスホームページより

図2-5 LNGのエネルギーチェーン 都市ガス利用

　油田・天然ガス田または製油施設などの副生ガスに多く含まれるプロパン・ブタンを主成分とする液化石油ガス（LPG）は、圧縮することで簡単に液化でき、LPG船で輸入する。

3）電力

　電力は、発電所での発電、変電所での電圧・周波数の変電、送電網による送電、変圧器で電圧を落として配電という一連の流れを経て供給される。このシステムを電力系統と呼ばれている。日本では、10の電力会社がそれぞれ電力系統をもち、沖縄電力を除いた9電力会社の電力系統は近隣のいずれかの電力系統と接続されている（連系系統）（図2-6参照）。

出所：電事連ホームページより

図2-6　我が国の基幹連系系統

2. エネルギー消費と需給

(1) 世界のエネルギー消費の動向

図2-7に世界の一次エネルギー消費の推移を示す。世界の一次エネルギー消費量は経済成長とともに増加し続けており、1965年の石油換算で37億トンから年平均2.6%で増加し、2015年には131億トンに達した。

特に、2000年代以降アジア大洋州地域は新興国、特に中国、が牽引して高い消費伸び率となっている。一方、先進国(OECD諸国)では伸び率は鈍化した。経済成長率、人口増加率ともに開発途上国と比較して低く止まっていることや、産業構造が変化し省エネルギー化が進んだことが影響している。世界のエネルギー消費量に占めるOECD諸国の割合は、1965年の70.8%から2015年には41.9%へと約29ポイント低下した。

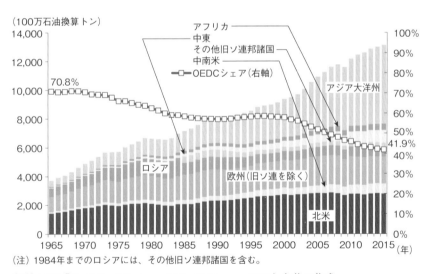

(注) 1984年までのロシアには、その他旧ソ連邦諸国を含む。
出所:BP「Statistical Review of World Energy 2016」を基に作成

図2-7 世界の一次エネルギー消費の推移

（２）我が国のエネルギー供給の推移

図2-8は我が国のエネルギー供給の推移を示している。終戦後しばらくは、国産の石炭が主なエネルギー源であったが、中東から輸入の安い石油が急激に増加し、1960年ごろには逆転した。その後、高度成長とともに石油のシェアは増え続け、1973年の第1次石油危機のときは、75％を超えるまでになっていた。エネルギー自給率の低下は、石油価格の暴騰とともに、我が国のエネルギーセキュリティとして深刻な問題として捉えられ、石油に代わるエネルギーとして、原子力、天然ガス、輸入石炭などの導入を推進していった。また、イラン革命を契機とした第二次石油危機（1979年）が起こり、天然ガス、石炭および原子力の導入がさらに進んでいった。その結果、一次エネルギー国内供給に占める石油の割合は、2010年度には、39.8％と第一次石油ショック時の1973年度における75.5％から大幅に低下し、その代替として、石炭（22.5％）、

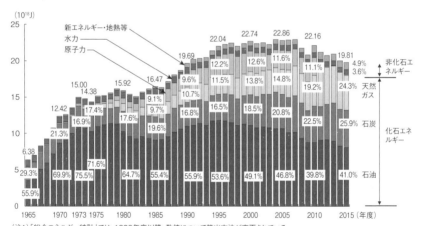

（注1）「総合エネルギー統計」では、1990年度以降、数値について算出方法が変更されている。
（注2）「新エネルギー・地熱等」とは、太陽光、風力、バイオマス、地熱などのこと（以下同様）。

出所：：資源エネルギー庁「総合エネルギー統計」を基に作成

図2-8　我が国のエネルギー供給の推移

天然ガス（19.2%）、原子力（11.1%）の割合が増加するなど、エネルギー源の多様化が進んだ。一方、再生可能エネルギーは少しずつながら導入されてきているが、水力を除いた太陽光、風力等の再生可能エネルギーの導入は2011年で4.9%にとどまっている。

2011年3月11日に発生した東日本大震災とそれによる原子力発電所の停止により、全原発の停止を余儀なくされ、原子力の代替発電燃料として化石燃料、特にLNGの割合が急増した。その結果、2010年には19.9%だったエネルギー自給率も2012年には6.0%まで急落してしまった（図2-9）。また、一次エネルギー国内供給に占める化石エネルギーの依存度も増加し、2014年の日本の依存度は94.7%と、世界の主要国と比較してもかなり高い依存度となってしまった（図2-10）。化石燃料のほとんどを輸入に依存している我が国にとって、エネルギーコストの上昇とともにエネルギーセキュリティが重要な問題となっている。

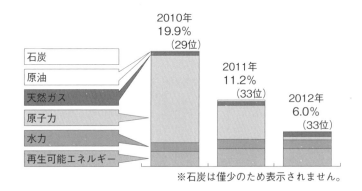

出所：IEA「Energy Balance of OECD Countries 2013」を基に作成

図2-9　日本の一次エネルギー自給率の近年の推移
（順位はOECD加盟34か国中）

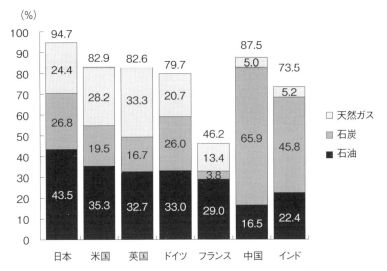

(注)化石エネルギー依存度(%) = (一次エネルギー供給のうち原油・石油製品、石炭、天然ガスの供給)/(一次エネルギー供給)×100。

出所：IEA「World Energy Balance 2016 Edition」を基に作成

図2-10　主要国の化石エネルギー依存度（2014年）

（3）電源構成

　最終エネルギー消費量に占める電力消費量の割合を電力化率というが、電力化率は、1970年の12.7%から2015年には24.7%になり、一貫して増加傾向にある。今後、EVの普及などを考えると、さらにこの増加傾向は続くと考えられている。

　図2-11に我が国の電源構成の推移を示す。戦後しばらくは水力と国内産石炭火力が主であったが、高度成長期に安い中東産の石油が大量に輸入されるようになり石油火力が新設されていき、第一次石油危機の1973年時の石油火力のシェアが71.4%にも達していた。石油危機を契機としてLNGと輸入石炭の導入を進め、原子力と合わせて、いわゆ

るベストミックス化を図り、石油火力を削減させていった。また、石炭火力 USC、天然ガス複合サイクル発電、IGCC などの高効率発電技術が進歩し、発電効率が向上していったこともあり、東日本大震災前の 2010 年の電源構成は、LNG、原子力、石炭のシェアがそれぞれ 29.3%、28.6%、25.0% となり、石油火力は 6.4% まで低下していた。しかし、2011 年の東日本大震災とそれによる原子力発電所の事故により、

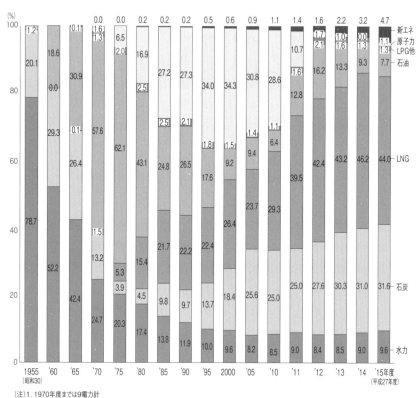

出所：電気事業連合会調べ

図2-11　我が国の発電電力構成の推移

全原子力発電所が停止されるに至った。そのため、休止していた石油火力を再稼働するとともに、設置が比較的容易な LNG ガスタービン発電を新設・増設して対応していった。その結果、2015 年度の電源構成は LNG、石炭がそれぞれ 44.0%、31.6% と石油などと合わせて化石燃料への依存度が 84.6% にもなってしまっている。また、このため海外から化石燃料を調達する費用が増え、2013 年度の貿易赤字が過去最大の 13.8 兆円になるなど経常収支も大幅に悪化してしまった。

図 2-12 に、我が国も含め各国の電源構成を示す。世界では、石炭火力が主力で、アメリカが 40%、ドイツで 46%、と高いシェアを占めている。特に、中国は電力の 73% を石炭火力に依存している。また、シェールガス生産が増加した米国や、北海ガス田を有する英国など、天然ガスの割合が増えている。フランスは、これまで原子力を中心とするエネルギー政策をとってきており、原子力が 78% と高いシェアを占めている。欧州では原子力のシェアが低下してきているが、グリッドが繋がって電力の輸出入が可能でありフランスからの電力輸入が可能であることも一因である。

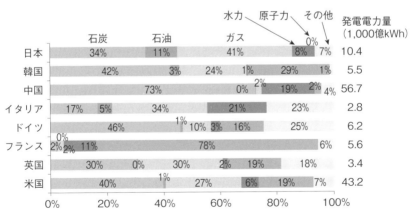

出所：IEA「World Energy Balances 2016 Edition」を基に作成

図 2-12　各国の電源構成

3. エネルギーと経済

（1）エネルギー価格変動

　（図2-13　口絵）は石油の国際価格の推移を表している。第二次世界大戦後開発された中東の石油は価格が安く、これを大量に輸入することで我が国の経済は高度成長を成し遂げることができた。しかし、1973年に第一次石油危機が起こると、それまで約2～3ドル/バレルだった石油価格が10～12ドル/バレルに跳ね上がった。その結果、インフレーション、景気後退、国際収支赤字というトリレンマに陥り、石油依存度が高かった我が国は特に大きな打撃を受け、「狂乱物価」と呼ばれる物価の大幅な高騰を招いてマイナス成長に陥り、国際収支も赤字となった。さらに1979年のイラン革命を契機とした第二次石油危機では、30～40ドル/バレルまで上昇した。

　二度の石油危機による原油価格高騰で、海底油田などそれまで生産コストが見合わなかった油田でも採算が取れるようになり、メキシコ、英国、ブラジルなど非OPEC諸国でも石油が生産されるようになった。また、消費国側の新規石油火力の禁止や省エネ努力もあり、石油の価格が下落し、1985年から1997年の間、湾岸戦争などの時期を除いて石油価格は20ドル/バレル前後を推移した。1997年にアジア通貨危機が起こり、経済の世界的な停滞によって石油価格は10ドル近辺まで下落した。その後回復したが、2000年半ばから原油価格は上昇し始め、2008年7月には145ドル/バレルという史上最高値を記録する。その後、2008年9月のリーマン・ブラザーズの経営破綻を契機とする世界同時金融恐慌、いわゆる「リーマンショック」による世界経済の落ち込みにより、原油価格は急落して2008年後半には40ドルを割り込んだが、2009年8月には再び70ドルを超えるという乱高下を記録した。その後、

原油価格は回復し80〜100ドル台を推移していたが、2014年7月以降下落に転じ、2016年には一時20ドル台まで下落したが、その後回復し、2018年5月の時点で70ドル前後を推移している。

このように、石油などエネルギー商品の価格は、単に生産コストが反映される市場原理に支配されるのではなく、様々な経済的・政治的要因が絡み合い、変動していることを示している。

（2）石油価格高騰の影響

2000年代の原油価格の高騰は社会・経済に広く深刻な影響を及ぼした。まず、石油価格だけでなく、石炭、天然ガスの価格も連動して上昇し、燃料・電力コストが上昇した。暖房用灯油や電力料金が値上がりし生活に深刻な影響を与えた。タクシー、バス運賃の値上げや航空運賃のサーチャージなども記憶に新しい。さらに、運輸・工業だけでなく、加温用の灯油燃料の上昇によるハウス野菜の高騰や燃料費の高騰による漁船の休漁など、農林水産業にも深刻な影響を与えた。また、エネルギーだけでなく穀物や金属・レアメタルの価格などの高騰も進行し、広範な部門でのコスト上昇をもたらし、経済に深刻な打撃を与えた。

一方、ハイブリッド自動車、電気自動車などのエコカーの開発・普及、LED電球などの省エネ機器の導入、太陽光など再生可能エネルギーの導入など、プラスの影響があったことも認識する必要がある。

（3）エネルギーと経済成長

エネルギーと経済成長は密接な関係にあり、通常、経済成長するためにはエネルギーが必要となり、経済成長とともにエネルギー消費が増大する。また、その国の産業構造によっても一次エネルギー供給とエネルギー消費が大きく異なってくる。

図2-14は1人当たりのGDPとエネルギー消費量の関係を示したものである。1人当たりのGDPとエネルギー消費量には正の相関関係があり、GDPが多いほど、エネルギー消費も多くなっている。一方、カナダとドイツのように同じぐらいのGDPでもエネルギー消費量が倍以上違っていたり、日本とロシアのようにGDPは1/3以下なのに逆にエネルギー消費は多いといった場合もある。これは、その国の気候や産業構造の違いもあるが、主にエネルギーの使い方、いかにエネルギーを有効に使っているかに依存していると考えられる。

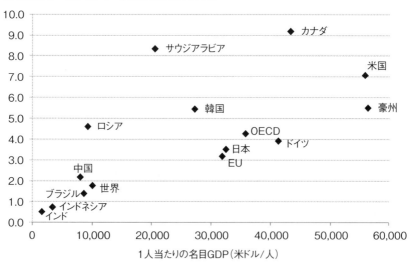

出所：BP「Statistical Review of World Energy 2016」、世界銀行「World Development Indicators」を基に作成

図2-14　1人当たりの名目GDPと一次エネルギー消費（2015年）

図2-15に、主要国のGDP当たりの一次エネルギー供給量の比較（日本を1とした場合）を示した。この値は、その国の産業構造や省エネルギーの進展の度合いなどを表している。ロシア、中国、タイ、インド、インドネシアなどは日本の5倍以上、特にロシアは7.1倍となっているのがわかる。これは、生産性の違いであり、これらの国は、エネルギー効率が悪い生産設備がまだ残されているためと考えられる。日本は、イギリスの次に低い水準にあり、英国と違って我が国にはエネルギー多消費産業が多く残っているにも係らず、省エネ化が進んでいることを表している。我が国では、第一次石油危機以来、省エネルギーに取り組み、エネルギー原単位（単位GDP当りのエネルギー使用量）は大きく低下してきている。

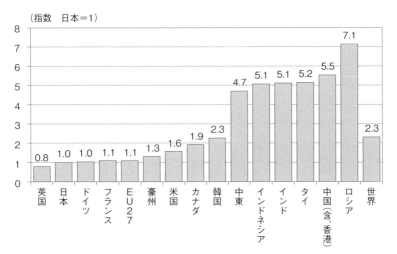

（注）一次エネルギー供給量（石油換算トン）/実質GDP（米ドル、2005年基準）を日本＝1として換算。

出所：IEA「Energy Balances of OECD Countries 2012 Edition」、「Energy Balances of Non-OECD Countries 2012 Edition」

図2-15　GDP当たりの一次エネルギー総供給の主要国比較（2010年）

（4）エネルギー消費と食料生産

　エネルギーは工業生産のみに利用されているのではなく、実は農業や漁業の食料生産においても多量のエネルギーが消費されている。表2-1に食料生産に必要なエネルギー消費量をまとめているが、エネルギー消費量を食品自身の熱量で割った値は、ほとんどの場合で1以上となっており、食料生産にその食料の熱量以上のエネルギーを消費しているのがわかる。農作物の生産に使われるエネルギーは主に農業機械などの光熱動力と使用される化学肥料および農薬などの製造エネルギーである。特に、野菜や果物のハウス栽培は温室を加温するために大量のエネルギーが消費されている。

　漁業においても、漁船の燃料の他に、漁船、漁具、輸送・保冷などの設備にも多量のエネルギーを必要とするし、養殖ではさらに多くのエネルギーを消費する。今日、我々が享受している豊かな食生活は、エネルギー、特に石油という化石エネルギーを多量に消費することによって実現しているのである。

　図1-3に世界のエネルギー消費と人口の推移を示したが、エネルギー消費と人口増加には密接な関係があることがわかる。世界人口の増加は、食料生産の増加を意味するが、産業革命に至るまでは食料生産の増大は主に森林を農地に変え耕地面積を増大させることで実現させてきたのに対し、現代の人口増加、特に、第二次世界大戦以後の第三世界を中心とする人口の爆発は、大量のエネルギーを食料生産に投下することによって食料の生産性の増大させることができたためである。農業・漁業部門に化石エネルギーの一部（特に石油）を振り当てることによって食料生産を増大させ、経済発展にともなう人口増加に対応したといえる。すなわち、我々の生命を維持するのに必要な食料生産自体が化石エネルギーの大量消費によって維持されているのである。

表2-1 食料生産に必要なエネルギー

	エネルギー消費量 [kJ/kg]	エネルギー消費量 食品熱量		エネルギー消費量 [kJ/kg]	エネルギー消費量 食品熱量
農作物			水産物		
馬鈴薯	1030	0.32	秋刀魚	9900	0.98
小麦	8700	0.62	鯖	14800	1.48
米	13400	0.91	鮭	16500	2.37
大根(冬どり)	1300	1.69	かつお類	23800	4.40
人参(冬どり)	2400	1.80	ひらめ	28100	7.29
きゅうり(夏秋どり露地)	4200	9.05	海老類	34000	8.74
(夏秋どりハウス加温)	21200	46.49	あさり類	42800	20.89
トマト(露地)	4900	7.36	ぶり(網)	26400	2.46
(冬春どり温室加温)	17800	74.68	(養殖)	55000	5.10
柿	5500	2.19			
りんご	5300	2.55	畜産物		
みかん(全国平均)	3600	1.95	牛肉(輸入)	8800	1.08
(ハウス加温)	160000	76.70	和牛肉	44800	8.05
葡萄 (露地)	11800	5.03	豚肉(国産)	30300	3.33
(ハウス加温)	209000	89.26	鶏肉(国産)	20200	1.90

3 | エネルギーと環境

迫田章義

《目標&ポイント》 一次エネルギーである化石エネルギーを、利用しやすい電気や液体燃料などの二次エネルギーに転換し、これらを供給・消費するエネルギーシステムについて整理し、これにともなう環境影響について考える。
《キーワード》 一次エネルギー、化石燃料、二次エネルギー、環境影響、公害、大気汚染

1. エネルギーの使い方

我々は日々の社会活動（産業、運輸、民生で様々な種類のエネルギーを様々な使い方で消費している。しかしながら、エネルギーの本質的な形態は次の6種類である。

1）力学（的）エネルギー（位置エネルギーと運動エネルギー）
2）光エネルギー
3）化学エネルギー
4）核エネルギー
5）電気エネルギー
6）熱エネルギー

実際の社会において自然界に存在し、我々が使う源となるエネルギーを一次エネルギーと呼ぶが、これは化石エネルギーと再生可能エネルギーと原子力エネルギーの3つからなる。

$$（一次エネルギー）=（化石エネルギー）+（再生可能エネルギー）+ \\ （原子力エネルギー） \quad (3\text{-}1)$$

　化石エネルギーの本質は、化石燃料（石油、天然ガス、石炭）が物質の内部に内包する化学エネルギーであり、再生可能エネルギーは第9章に詳しく述べられているように、大部分が太陽から地球に届く光エネルギーである。また、原子力エネルギーは放射性物質が内包し外部に放出する核エネルギーである。これらの一次エネルギーは、実際の産業や暮らしの中では直接は使いにくい。例えば、石油は原油として油田で採掘されるものの（章末注3-1）、そのままでは燃料としても化学原料としても使いにくく現実的な資源ではない。そこで、使いやすいエネルギーの形態である電気や燃料（身近なところでは、ガソリン、灯油、都市ガスなど）に転換される。これらの使い易くて、我々が直接消費しているエネルギーを二次エネルギーという。

　例えば、化石燃料による火力発電について考えてみよう。図3-1に示したように、一次エネルギーである石油、天然ガス、石炭の有する化学エネルギーから、それらの燃料を燃焼させて熱エネルギーを得て、その熱エネルギーで水を蒸発させて水蒸気の運動エネルギーを得て、その水蒸気でタービンを回してタービンの運動エネルギーを得て、さらにタービンが発電機を駆動して電気エネルギーを得る。このように多段階の転換を経て得られた二次エネルギーが、我々の社会における産業、運輸、民生で消費され、最終的には熱エネルギーとなって系外（最終的には宇宙空間）に放出される。この量が、最終エネルギー消費量である。一次エネルギーとして供給されたエネルギーのすべてが最終エネルギー消費となるわけではなく、その一部は有効に利用されることなく転換にともなうロスとして、熱エネルギーとなって系外に放出される。

　我が国では一次エネルギー供給量全体の約70％が最終エネルギー消費量となっている。

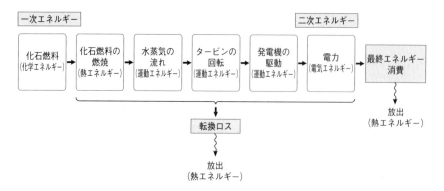

図3-1 一次エネルギーから最終エネルギー消費までのエネルギーの流れ
（火力発電の場合）

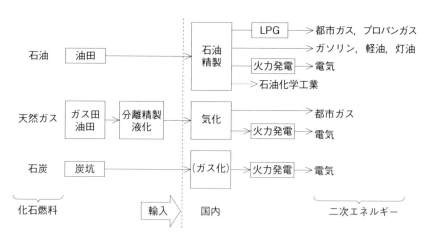

図3-2 化石燃料から二次エネルギーを得るフロー

さらに、化石燃料から二次エネルギーを得るフローは図3-2のように示せる。近代工業化が進むにつれて、このような化石燃料の消費は多様化し、かつ大量消費に至ることとなり、「負」の一面も目立つようになった。このうち最も懸念されているのがCO_2の大量排出による地球温暖化問題と言えよう。この問題については、第4章に詳しく述べられている。それ以外にも、図3-1や図3-2の一連のエネルギーフローにともなう、有害物質の環境中への排出や漏洩に代表されるような環境影響の増大や深刻化、あるいは環境問題の発生と健康被害等の発生がある。よく知られている具体的な環境問題としては次の例が挙げられる。

① 大気汚染（SOx、NOx、光化学スモッグ、PM2.5など）
② 水質汚濁（有害化学物質など）
③ 土壌汚染
④ 海洋汚染（原油流出など）
⑤ 放射能汚染（セシウム137など）

⑤は過去の原子力爆弾等に起因するものもあるが、最近では2011年の原子力発電所事故により環境中に放出された物質によるものをいうことがほとんどである。

　これらの個別の環境影響を学ぶ前に、一次エネルギーから二次エネルギーへのフローについて理解し、環境影響が発生する原因等について考えてみよう。

2. 一次エネルギーの輸入

（1）石油

　我が国は図3-3に示したように、2015年度にはおよそ2億klの原油をサウジアラビア、アラブ首長国連邦、カタール、ロシア、クウェートなどから輸入している。輸送コストを低減化するために50万トン級の大型タンカーが使われているが、海上輸送の安全や海洋汚染などが大きな課題となっており、特に後者については本章の第4節で議論する。我が国の港に陸揚げされた原油は、一般的には港に併設されている石油精製工場（石油コンビナート）で各種の液体燃料などへ分画されて、使いやすい二次エネルギーとして消費地に供給される。

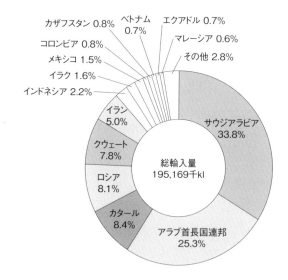

出所：経済産業省「エネルギー白書　2017」より。

図3-3　原油の輸入先（2015年度）

（2）天然ガス

　天然ガスは元々石油に代わる化石燃料として注目されたが、近年では単位発熱量当りの CO_2 排出量が石油より少ないことから、比較的地球環境にやさしい化石燃料としても注目されている。我が国は図3-4に示したように、2015年度には年間約8400万tの天然ガスをオーストラリア、マレーシア、ロシア、インドネシア、ブルネイなどから輸入している。

　なお、天然ガスはガス田から産出するだけでなく油田から石油と共に産出することも多い。我が国は島国であり、それらのガス田や油田とは陸続きでないため、今のところはその輸入のためにパイプラインを使うことができず、天然ガスを産地で液化させてLNG（Liquefied Natural Gas；液化天然ガス）とし、それをLNG専用タンカーで運んでいる。液化する理由は、液化することによって体積が約600分の1になるため、エネルギー密度を高くして1艘のタンカーでの輸送量を格段に大きくするためである。この液化にあたって、採取された生の天然ガスからメタン以外の炭化水素や、さらに硫化水素（H_2S）、二酸化炭素（CO_2）、そして水分が除去され純度の高い（99％以上）メタンとされるのが一般的である。我が国の港に陸揚げされてLNGタンクに貯蔵された後に、必要に応じて海水等で加熱して気化させて精製された天然ガスに戻される。このように、一般的には石油は採掘した現地から原油のまま我が国に輸送し国内で精製することから、かつては我が国の環境問題のひとつとなったこともあったが、天然ガスは採掘する現地で分離精製してきれいなメタンとして輸送し国内では気化するだけなので、環境負荷は現地にかかるともいえる。

　なお、最近では、従来にはなかった形態であるメタンハイドレートやシェールガスが将来の化石燃料として大きな注目を浴びている。

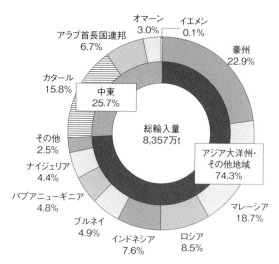

出所：経済産業省「エネルギー白書 2017」より。
図3-4 LNGの輸入先（2015年度）

（3）石炭

　我が国では昭和初期には国産の化石燃料としてエネルギー消費量の約20％を担っていたが、今日では図3-5に示したように年間約1億1000万tをオーストラリアやインドネシアなどから輸入している。この輸送には専用大型船（20万トンクラス）が使われる。石炭は固体であるためポンプやパイプを使っての積込みや荷卸しが出来ず取扱いにくいことに加えて、固体の塊を容器に充填したり山積みにする場合には塊と塊の間に必ず隙間（空隙）ができ、体積当たりの充填密度は固体の真密度のおよそ半分程度になることから、同じ大きさの船で運べるエネルギー量がかなり少ないのが輸送や貯蔵の問題点のひとつとして挙げられる。

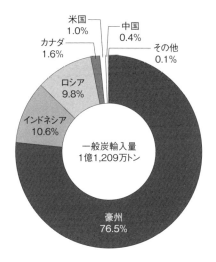

出所：経済産業省「エネルギー白書　2017」より。
図3-5　石炭の輸入先（2015年度）

3. 二次エネルギーの供給

（1）電力

　我々の社会での産業、運輸、民生において電力は、動力（電車、エレベーターなど）、照明、冷暖房からパソコン、スマホなどのIT機器に至るまで、すべての分野で広く使われており、石油由来の種々の燃料と共にもはや必要不可欠といえる。図3-2に示したように、化石エネルギーの石油、天然ガス、石炭はいずれも火力発電の燃料としても使われ電力に転換されている。また、他の一次エネルギーである再生可能エネルギーと原子力エネルギーは、むしろ発電に使われるのが主流である。

　最近ではLNG及び石炭による火力発電と原子力発電が、それぞれおよそ1/3ずつ担っていたが、東日本大震災・原発事故の後は、停止する

原子力発電所が増加し、2011年度には原子力発電は10%程度に減少し、逆にLNG火力発電が40%程度にまで増加した。

電力を燃料と比べた場合の特徴としては、次のことが挙げられる
① 電力の調整が容易で使いやすい。
② 利用段階においてはCO_2も有害物質も何も排出せず、完全にクリーンな二次エネルギーといえる。
③ 数少ない欠点として、長時間あるいは大容量の貯蔵が基本的にはできないことから、需要のピークを予測した発電設備が必要となる。

（2）液体燃料

石油由来の種々の液体燃料は、我が国の二次エネルギーの中心的役割を担っているといえる。また、石油は化学工業の原料（石油化学物質）として非エネルギーであるマテリアルとして使われることが特徴的である。一次エネルギーの原油の二次エネルギーへの転換の最初は、図3-6に示した石油精製（オイルリファイナリー）である。沸点の低い物質から順に、LPG（Liquefied Petroleum Gas；液化石油ガス）、ガソリン・ナフサ、灯油・ジェット燃料油、軽油（ディーゼル燃料）、重油、アスファルト等に分画される。LPGはタクシーの燃料や、いわゆる「プロパンガス」として工場や家庭でよく使われる。ガソリンはクルマの燃料、ナフサはさらにエチレン・ベンゼン・トルエン等に分解されて石油化学製品の原料、灯油はいわゆる「石油ストーブ」の燃料としてよく知られている。ジェット燃料は文字通りジェット機の燃料、軽油はディーゼル車（トラックやバスに多い）の燃料、重油は船舶の燃料や火力発電の燃料となる。比較的簡単な操作である蒸留によって、このようにきれいに分画できることは、石油の大きな利点で今日のエネルギーの主役である一因といえよう。

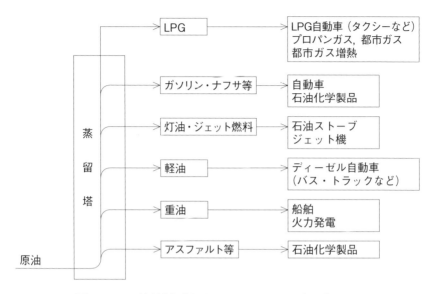

図3-6 石油精製（オイルリファイナリー）プロセス

　電力や都市ガスとは異なり、生産者と消費者が電線やガス管でつながっていないことから、そのシステム全体の動きをリアルタイムで把握できないとう弱点もある。これゆえ流通システムは複雑なことが多い。例えば、ガソリンは元売り会社などから特約店・販売店のいわゆる「ガソリンスタンド」（最近では「サービスステーション」）から消費者に渡るが、元売り会社からの直接販売などもある。灯油はさらに複雑で、米店、薪炭店、いわゆる「ホームセンター」などの各種の小売店で販売されることも多い。このような配送方法は、ボンベで配給されるLPGと共にエネルギー供給の方法としてめずらしいともいえる。

（3）気体燃料
　石油由来の二次エネルギーとしての気体燃料には、ガス管を通して配

給される都市ガスとボンベに入れて配給されるLPGがある。都市ガスはさらに、メタンを主成分とする天然ガス系とLPGを主成分とする石油系に大別され、今日の我が国における都市ガスは前者がほぼ9割を占め、その原料はほとんど海外から輸入しているLNGである。ボンベで配給されるLPGは、さらにプロパンを主成分とする家庭用、業務用と（いわゆるプロパンガス）、ブタンを主成分とする産業用、自動車用がある。

　主流である天然ガス系の都市ガスは、海外からLNGを受入れる基地で気化させた天然ガスにLPGなどの他のガスを混入させて組成や発熱量（混合ガスの燃焼熱）を「12A」や「13A」などの混合ガス規格の規定値になるように調整される。また、混合ガスは無臭なので輸送や利用における安全のために（ガス漏れに気づきやすいように）付臭剤と呼ばれる化学物質を混入させて独特の臭いが付けられる。

　プロパンガスは前述の石油系都市ガスに成分が近く原料はLPGである。我が国では半数以上の世帯で使われており、工場や商店など多くの場所で使われている。プロパンガスの流通は石油よりも複雑といわれ、都市ガスと販売網で競合する状況も見られる。何よりも、都市ガスに比べてガス管網や大型設備などが不要であることが利点である。

4. エネルギー消費の環境影響

（1）公害

　近年はエネルギー消費の環境影響として、CO_2による地球温暖化問題が注目されており、種々の施策やCCSなどのCO_2排出削減技術等が議論されている（第4章参照）。一方で、古くから「公害」と呼ばれるいくつかの環境問題があり、エネルギー消費と関連の深いものも含まれている。

以下の7つの「公害」が環境基準法に挙げられており、一般的に「典型7公害」と呼ばれている。
① 大気汚染（SOx、NOx、PM2.5 など）
② 水質汚濁（有害化学物質など）
③ 土壌汚染
④ 騒音
⑤ 振動
⑥ 悪臭
⑦ 地盤沈下

これらのうち、エネルギー消費と特に関係の深いものが①の大気汚染である。さらに、エネルギー消費に関係の深い環境問題として最近話題になったのが、次の2つであろう。
⑧ 海洋汚染（石油流出など）
⑨ 放射能汚染（セシウム 137 など）

⑧と⑨の2つは、化石燃料燃焼の化学反応から原理的に発生し得る①の大気汚染とは異なり、人為的な事故により発生するものである。⑧としては、ナホトカ号の事故（写真3-1）や石油タンクの破損による石

写真3-1　ナホトカ号重油流出事故 （共同通信社／ユニフォトプレス）

油の海洋への流出が記憶に新しい。⑨としては、福島第一原子力発電所の事故による放射性物質の放散・飛散を誰も忘れることはないであろう。このうち⑨については、第12章で議論している。

（2）大気汚染

　化石燃料の主たる構成元素は炭素であるが、石炭、石油、天然ガスともに、一般には表3-1に示すように、その生成を考えると当然ともいえるが、硫黄、窒素などが含まれ、これらいわば不純物の混入濃度が化石燃料の質を決めているともいえる。なお、化石燃料の構成元素は産地などで大きく異なり、表3-1の数値は代表的な値である。このような元素で構成される化石燃料を図3-2に示した種々の用途のために燃焼させると、主成分の炭素は二酸化炭素（CO_2）になり、硫黄と窒素はそれぞれ、硫黄酸化物（一酸化硫黄（SO）、二酸化硫黄（亜硫酸ガス）（SO_2）、三酸化硫黄（SO_3）など。これらの化学式からSOx（ソックス）といわれることが多い。）と窒素酸化物（同様にNOx（ノックス））になる。

　　　　$C \rightarrow CO_2$
　　　　$H \rightarrow H_2O$
　　　　$S \rightarrow SOx$
　　　　$N \rightarrow NOx$

　このうち、SOxとNOxが何の処理もされずに大気中に排出されると、文字通り大気が汚染され、酸性雨が降ることとなったり、呼吸によって体内に取り込むと、直接的に、または間接的に慢性気管支炎や気管支喘息などを発症させることが多いといわれている。さらに、スモッグ、光化学スモッグ、PM2.5などの生成を誘発することになるが、大気中におけるこれらの生成メカニズムは反応経路も多岐にわたり、また種々の素反応も複雑であり、未だに解明されていない部分もあるといわれており、

この章では詳細は割愛する。

粒子状物質（Particulates、Particulate Matters（PM））も主要な大気汚染物質である。化石燃料の燃焼で生じる煤（スス）や排出ガス中のSOxやNOxなどが大気中で反応して生成する微粒子で、大きさはマイクロメーター（μm）のオーダーである。特に、大気中に浮遊する微粒子のうち、直径が2.5マイクロメーター以下のものがPM2.5と呼ばれる微小粒子物質である。特に、PM2.5を呼吸によって肺の中に取り込むと、肺の奥深くまで侵入しやすいことから、呼吸器系や循環器系に悪影響が出ることが懸念されている。

SOxやNOxの発生や排出を抑制するためには、すなわち大気汚染を防止するための本質的な方法は、化石燃料から、またはその燃焼排ガスから硫黄成分や窒素成分を取り除くことであり、先進国、なかでも我が国は高度な脱硫（硫黄成分を除去する）技術や脱硝（窒素成分を除去する）技術を有しているといえよう。しかし、この問題はいずれの国や地域においても、その場で完結する話ではなく、大気汚染に関与する物質は国境も海も超えて移動し伝搬することから、このような技術を開発途上国等に移転することも重要であろう。

表3-1 化石燃料の構成元素（数値は概数　単位は％）

	炭素（C）	水素（H）	酸素（O）	硫黄（S）	窒素（N）
石炭	70～80	4～6	8～13	0.3～0.8	1～2
石油	80～85	10～15	0.2～0.5	3～5	0.2～0.5

（注3-1）石油精製に至る前の石油を原油（Crude Oil）と呼ぶことも多い。ここでも、特に区別する必要がある場合には原油という用語を用いることとする。

4 | エネルギーと地球温暖化問題

藤井康正

《目標＆ポイント》 CO_2 を代表とする温室効果ガスの大気中濃度増加によって地球温暖化が進行するとされる理由を理解する。そして、化石燃料の燃焼によって発生する CO_2 排出量を削減するための各種技術を分類し、それぞれの概要を把握する。また、エネルギーモデルを用いて作成された長期シナリオから今後の展望を俯瞰する。
《キーワード》 温室効果、放射強制力、炭素循環、省エネルギー、燃料代替、CO_2 回収貯留、エネルギーモデル

1. はじめに

　人類の産業経済活動から排出される温室効果ガスによる地球温暖化問題の深刻化が懸念されている。1850年以来、全球の平均気温は上昇、下降を繰り返しつつも全体的には約 0.8℃ 上昇している。温室効果ガスとは、大気において赤外線を選択的に吸収する気体である。将来さらに温室効果ガス濃度の増大が続くと、長期的には顕著な気温上昇が起こり、これによる異常気象の発生、農業生産、生態系、国土の保全などへの悪影響が懸念されている。

　温室効果ガスの中で最も影響力を有すると考えられているのは CO_2 である。人類の産業経済活動から排出される CO_2 のほとんどは、エネルギーシステムにおける石油や石炭などの化石燃料の大量の燃焼によるものである。CO_2 の大気中の滞留年数は数十年から 200 年程度とされ、

大気中 CO_2 濃度上昇を抑制するためには、エネルギーシステムからの CO_2 排出量の大幅削減を長期間にわたり継続的に実施することが必要である。

地球温暖化問題は 1980 年代の後半から政治的にも注目を集め、それ以来これまでにも様々な CO_2 排出量削減技術が検討されてきた。そして、個々の削減技術の実現可能性やそのポテンシャル、経済性評価などがそれぞれの専門分野において進められている。しかし、これまでの評価結果によると、何か単独の対策技術だけでは CO_2 排出量の大幅抑制は困難であり、複数の方策による総合的なアプローチを取らざるを得ないであろうと考えられている。

2. 地球温暖化

(1) 温室効果

地球の大気圏外で太陽に正対する $1 m^2$ 当たりに受ける太陽の放射総量を太陽定数と呼び、その値はおよそ $1,370 W/m^2$ である。地球を半径 r の球体とすると、地球に照射される太陽エネルギーの総量は太陽定数に地球の断面積 πr^2 を掛けたものとなる。一方、地球の単位表面積当たりの平均的な太陽エネルギーは、上記の総量を地球の表面積 $4\pi r^2$ で割ったものとなり、図 4-1 に示すように、太陽定数の 4 分の 1 の $342 W/m^2$ 程度となる。このうち、$107(=77+30) W/m^2$ は熱エネルギーへ変換されることなく大気層、雲、地表面から短波放射として直接宇宙空間へ反射され、地球が熱として吸収するのは残りの $235 W/m^2$ となる。

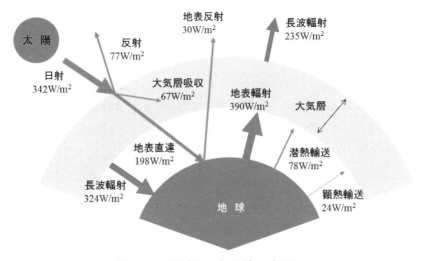

図4-1 地球のエネルギーバランス

　吸収された熱エネルギーと同量のエネルギーが、電磁波の放射によって宇宙空間へ排出される。放射される電磁波の波長は固体液体であればその絶対温度に依存し、地表付近の温度であれば赤外線領域の長波長の電磁波が中心となる。地表はほとんど黒体（完全放射体）とみなせるので、ステファン・ボルツマンの法則を用いて、地表の平衡温度の理論値T求めると、約255 K（－18℃）となる。

$$235 = \sigma T^4 = 5.67 \times 10^{-8} T^4$$

　一方、現在の地表付近の全球平均気温は288 K（15℃）であり、この理論値よりも約33℃も高い値となっている。実はこの温度差を発生させているのが、大気の温室効果である。このように、温室効果自体は科学的な仮説などではなく、実際に存在している。

（2）温室効果ガス

　地球大気において、温室効果ガスとして最大の影響力を有しているのは実は水蒸気である。しかし、その絶対量は大きく変化することはなく、その温室効果も安定していると考えられている。したがって、問題視されている温室効果ガスは、微量ではあるがその大気中濃度が年々増加している CO_2、CH_4、N_2O、各種フロンガスなどの気体である。

　温室効果ガスによって、本来は宇宙へ直接放出されるはずだった長波長の電磁波によるエネルギーの流れが、大気層で吸収され、地表方向へ再び戻されることで、大気や地表が受ける放射が強められる。この強められた放射の大きさのことを放射強制力（radiative forcing）と呼ぶ。放射強制力は温室効果ガスの種類や濃度によって異なる。例えば、CO_2 の大気中濃度 C[ppm] と、放射強制力の産業革命以前からの変化幅 δQ [W/m^2] との関係は、概ね以下の式に従うものと考えられている。ただし、C_0 は産業革命以前の CO_2 の大気中濃度であり約 280 ppm である。

$$\delta Q = 5.35 \times \ln(\frac{C}{C_0})$$

　温室効果ガスの濃度が増加するとその放射強制力も強くなるため、その結果として地表温度も高まるものと考えられている。1750 年から 2011 年までの各種温室効果ガス濃度の変化などによって、全球平均で放射強制力は 2.29 W/m^2（不確実性幅 1.13 〜 3.33 W/m^2）だけ大きくなっていると推計されている。[1] このうち CO_2 濃度増加に起因するものが 1.68 W/m^2（不確実性幅 1.33 〜 2.03 W/m^2）とされている。温室効果ガスの削減対策が取られなければ、放射強制力は 2100 年までには 10 W/m^2 近くまで大きくなると懸念されている。

　世界の様々な研究機関で、スーパーコンピュータを用いた全球気候モデル（大気海洋結合モデル）による地球温暖化の数値シミュレーション

が実施されている。シミュレーション結果はモデルによりばらつくが、温室効果ガスが増加すると、地表に近い対流圏の大気温度は上昇し、逆に成層圏の大気温度は下降するという傾向が多くの場合に見られる。全球平均地表気温の平衡昇温幅 ΔT と温室効果ガス全体の放射強制力の変化 δQ の比 λ は気候感度と呼ばれている。

$$\Delta T = \lambda \cdot \delta Q$$

気候感度 λ そのものの値ではなく、CO_2 濃度倍増時の $\delta Q (3.7 \text{ W/m}^2)$ を基準とした ΔT の値がよく言及される。IPCCの第5次評価報告書では、CO_2 濃度倍増時の ΔT は 1.5～4.5℃と不確実性の幅を持った値として示されている。

(3) 地表の炭素循環

CO_2 大気中濃度の増加が、放射強制力が増大している主な要因といえる。産業革命以前の大気中 CO_2 濃度は、南極氷床中に閉じ込められた気泡の成分を分析することで評価でき、それはおよそ 280 ppm であったと推定されている。ハワイ島の Mauna Loa 山頂での観測では、大気中 CO_2 濃度は季節変動を繰り返しながら毎年およそ 1.5 ppm 程度の割合で着実に増加し、2018年時点では 400 ppm を超えている。

表4-1には、2002～2011年の年平均の地表の炭素バランスを示すが、この表より、大気中 CO_2 濃度の増加の主要因は、明らかに化石燃料の燃焼による CO_2 の排出であると考えられる。

表4-1 炭素バランス（炭素換算億トン／年）[1]

CO_2 排出源	
化石燃料の燃焼とセメント生産	83 ± 7
土地利用変化	9 ± 8
CO_2 の蓄積の内訳	
大気	43 ± 0.1
海洋による吸収	24 ± 5
陸域生態系による吸収	25 ± 13

大気中 CO_2 の増加分は、化石燃料からの排出量、森林破壊などの土地利用変化からの排出量の和よりも少なく、約半分の値となっている。これは、大気中 CO_2 が地表のどこかに吸収されていることを意味している。現在、この吸収量の約半分の CO_2 が海洋に、残りが森林などに吸収されていると考えられている。

（4）地球温暖化の影響

全球平均気温の変化の傾向と、地域別の気温変化のそれとは必ずしも一致しない。また、気温が多少上がることは、生物の生育にとってはむしろ良いこともある。ここで注意すべきことは、地球温暖化の影響として懸念されるのは単に気温が上昇することではなく、気温ならびに降水量の空間的・時間的なパターンがこれまでのものから異常に逸脱してしまうこと、すなわち、地球規模での気候変動が起こることである。

人間社会への気候変動の影響は、農業などの第一次産業における生産高の変化、水資源の変化、衛生環境の変化など、多方面に及ぶものと予想されている。また、気候変動に伴う地球規模での気候帯の移動は、もしそれが生態系の適応速度を超えた急速なものとなれば、それを壊滅させてしまう恐れもある。

また、気温が上昇すると、南極など地球各所に存在する雪氷が融けて、その結果として海面上昇が起きることも懸念される影響の1つである。世界の陸上に存在するすべての雪氷が融けると、約 80 m の海面上昇が起きると推定されている。雪氷の約 9 割は南極大陸上にあるが、もし地球温暖化が進めば、北極や南極という極地域の気温上昇幅は特に大きくなるものと予測されている。

しかし、地球温暖化が起きても、南極大陸上の雪氷が融けるには数世紀というオーダーのとても長い時間が必要である。21 世紀末までに

予想される海面上昇幅はおそらく1mに満たないと予想される。だが、わずかな海面上昇でも、水没の危機に曝(さら)される国や地域があることには注意が必要である。また、22世紀以降の海面上昇も考慮すると長期的にはやはり大きな影響もありえる。

3. CO_2排出量削減技術

（1）CO_2排出量削減対策技術の分類

エネルギーシステムからのCO_2排出量は以下の式で表現できる。

$$CO_2 排出量 = GDP \times \left(\frac{Energy}{GDP}\right) \times \left(\frac{CO_2 発生量}{Energy}\right) \times \left(\frac{CO_2 排出量}{CO_2 発生量}\right)$$

ただし、CO_2排出量：大気中へ排出されるCO_2量、CO_2発生量：化石燃料の燃焼によって発生したCO_2量、Energy：一次エネルギー消費量、GDP：経済活動指標としての国内総生産額（Gross Domestic Product）。

この式は、右辺の分数を約分すると、CO_2排出量 ＝ CO_2排出量となる恒等式である。右辺は4つの項で構成されるが、CO_2排出量を削減するためには、この右辺の各項をそれぞれ小さくすれば良いといえる。

第1項のGDPを小さくすることは、社会経済活動を小さくすることを意味し、ライフスタイルの変更や消費を我慢することを通じてCO_2排出量を削減することに相当するが、これは技術的なCO_2排出量削減対策とは言えない。第2項の（Energy/GDP）の削減は、単位経済活動当たりのエネルギー消費量を削減することを意味し、これを実現する具体的な方法は、エネルギーの使用量を節約することで、化石燃料の消費量を抑えようとするものであり、「省エネルギー」の推進である。第3項の（CO_2発生量/Energy）の削減は、単位エネルギー消費量当たりのCO_2発生量を削減することを意味し、その具体的な方法は、石炭よりも

石油、石油よりも天然ガスというように、単位発熱量当たりのCO_2排出量の少ない燃料を使用することでCO_2排出量を削減しようとするものであり、「燃料代替」となる。再生可能エネルギーや原子力エネルギーの利用拡大も燃料代替に含まれる。そして最後の第4項の（CO_2排出量/CO_2発生量）の削減は、発生したCO_2の一部を回収して地中や海中に隔離貯留することで大気中への排出量を抑制することを意味し、その具体的な方法は、「CO_2回収貯留」である。

（2）CO_2排出量削減対策技術の概要

CO_2排出量削減対策技術は数多く提案されているが、前述したようにそれらは一般に、「省エネルギー」、「燃料代替」、「CO_2回収貯留」の3つの範疇に分類できる。以下にそれらの概要を説明する。

1）省エネルギー

産業、民生、運輸などのエネルギーの最終消費における利用効率の改善や、各種火力発電所の発電効率の改善などが、省エネルギー推進対策の例として挙げられる。省エネルギーの推進は、CO_2問題対策という観点からだけではなく、枯渇性資源の消費抑制や燃料経費の節減という点からも望まれることである。省エネルギーの推進には、追加的な設備投資が必要なこと、さらには快適さの犠牲をともなう場合も多いことなど、現実の問題を考慮するとその推進に当たっての障害は少なくはない。

産業用エネルギーに関しては、特に、それぞれの製造プロセスでの熱エネルギーの合理的な利用が重要となる。熱に関する省エネルギー技術は、熱の温度別段階的利用と呼ばれる方策、例えば、コージェネレーションやヒートポンプ技術によるエクセルギー効率の改善方策が有望と考えられる。民生用エネルギーについては、LEDの導入など利用機器の効率化は進展するものの、居住環境の改善による床面積の増加、家電機器

への家事依存度の増加、生活のパーソナル化によるエネルギー利用機器の台数増加など、エネルギー消費量を増加させる要因をいくつか見出せる。燃料電池、太陽電池などの分散電源の普及により、これまでにはない大きな変化を見せる可能性はある。運輸用エネルギーは、エンジン効率改善、車体軽量化、道路交通制御、交通機関間でのモーダルシフトなどと、様々なレベルでの方策がある。電気自動車や燃料電池自動車の普及は、エネルギー源の多様化を図れるメリットがあるが、エネルギー効率改善効果自体は、ハイブリッド車程度に留まるものと考えられる。

2）燃料代替

化石燃料の単位発熱量当たりのCO_2排出量は、炭素原子と水素原子の組成の違いにより異なり、石炭を基準とすれば、石油ではそのおよそ8割、天然ガスではその6割程度となる。すなわち、石炭火力発電の代わりに、天然ガス火力発電を行えば、同じ電力量を得つつも、約4割のCO_2排出削減が実現できる。実際には、天然ガス火力発電の熱効率は一般に石炭火力発電よりも高いため、CO_2排出量は大よそ半減させられる。

非化石エネルギーに関しては、原子力、各種再生可能エネルギーのいずれに関しても、社会的受容性、経済性、地域的な環境性などの点において、それぞれ何らかの難点を有し、それらの大幅な利用拡大は容易ではないのが実状である。また、非化石エネルギーに関しては、その利用時にはCO_2が排出されないものの、それらを利用する設備を製造する際に、無視できない量のCO_2が排出されていることには注意が必要である。

2017年時点では、世界全体としてエネルギー供給の約8割を化石燃料に依存しており、風力発電や太陽光発電などの不安定な再生可能エネルギーはエネルギー供給の2％程度に過ぎない。

燃料代替による温暖化対策は、膨大な石炭資源を代替できるか否かに

かかっている。地下資源としてのウランの量的価値は、軽水炉等でプルトニウムの合成を意図して行わないと、在来型石油資源と同程度と推計され、石炭資源には遠く及ばない。海水中のウラン資源を用いるか、プルトニウムを合成するかしないと、原子力の利用は長期的な温暖化対策とはなりえないと言える。

　一方、太陽光発電や風力発電などの出力が不規則に変動する電源は、潜在的資源量は膨大であるが、その大規模導入は電力系統の供給信頼度を損ねる恐れがあるなど、技術的にも課題が多い。蓄電池による出力の平滑化はコストが一般に高く、発電事業としての実施はとても難しいと判断され、むしろ出力制御が俊敏に行える火力発電所の導入や需要サイドの制御を進めることが実用的な解決策となると予想される。

3）CO_2 回収貯留

　厳しい CO_2 排出削減を目指すとなると、CO_2 の回収貯留は、中短期的な対策手段として重要な選択肢となる。ただし、対象となる CO_2 の量が膨大であるため、CO_2 の回収貯留を適用する際には、常に量的な観点からの実現可能性の検討が必要である。

　CO_2 回収貯留は、排ガスから CO_2 を分離回収するプロセスと、分離回収された CO_2 を大気から隔離し貯留する2つの段階を経ねばならない。

　火力発電所などの大規模 CO_2 発生源から CO_2 を回収する主な方法は、アミン系溶剤等の吸収液と CO_2 との間の化学反応を利用した化学吸収法や、純酸素を用いて化石燃料を燃焼することで排ガス中の CO_2 濃度を高められることを利用した純酸素燃焼法などである。いずれの方法も、大量のエネルギーを追加的に投入する必要があるため、発電所の熱効率を低下させてしまう問題がある。また、これら CO_2 回収のための装置を追加的に建設する必要があるために、火力発電所の建設単価は大きく

増加し、発電単価も7割近く上昇するとの推計例もある。

　大量に回収されたCO_2は、大気中へ戻ることがないように貯留される必要がある。CO_2の貯留方法は、図4-2に示すように、地中貯留と海洋貯留の2種類に大きく分けることができる。地中貯留では、基本的にはCO_2を堆積岩の空隙に貯留することになるため、CO_2の貯蔵容量の有限性が問題となる。CO_2の地中貯留の主だった方法としては、石油増進回収時に油田に圧入する方法、枯渇ガス田に圧入する方法、そして、地下帯水層に圧入する方法、などがある。石油増進回収時の圧入は現在でも石油回収法の1つとして行われている。

　一方、海洋貯留では、処理現場周辺の海水の酸性度などを大きく変化させる恐れがあることから、海洋の生態系への影響が心配される。CO_2海洋貯留の方法としては、液化CO_2を深海に貯留する方法、浅海に溶解し拡散させる方法など、様々な方法が検討されている。CO_2は50気圧以上で液状になり、水深3,000m以深の300気圧以上でその比重は海水よりも大きくなる。

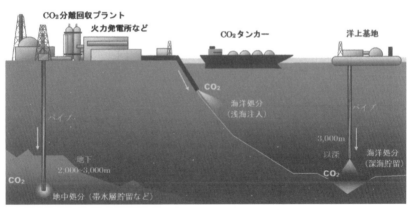

図4-2　CO_2の地中貯留と海洋貯留

4. エネルギーモデルによる CO_2 排出削減対策の評価

　CO_2 排出削減対策を合理的に実施するためには、追加的に発生する経済的コストを考慮しつつ、「省エネルギーの推進」、「CO_2 発生の少ないエネルギーによる燃料代替」、「CO_2 の回収貯留」という様々な技術を組み合わせたエネルギーシステム全体を考慮した包括的評価が必要となる。ここでは、そのような包括的評価を目的として構築されたエネルギーモデルと、それに基づいた CO_2 排出量制約下における長期エネルギーシナリオを俯瞰する。

（1）エネルギーモデルとは

　各種エネルギー資源の需給バランスなど、エネルギーシステムにおける諸量の定量的関係を、数式として表現したものがエネルギーモデルであり、エネルギーモデルを用いることで、人口変化、経済成長、技術革新、環境対策などの将来シナリオが、エネルギーシステムの今後の展開にどのような影響を及ぼすかを評価できる。エネルギーシステムのモデル化の方法は、トップダウン方式とボトムアップ方式の大きく2種類に分けられる。トップダウン方式では、GDPやエネルギー消費量に関する統計値などの集計化されたマクロ経済変数に基づくもので、例えば、エネルギー需要の価格弾性値などの概念に基づく需要関数や生産関数を用いて定式化する方法などである。一方、ボトムアップ方式は、発電や燃焼などの個々の工学的なエネルギー利用プロセスを1つひとつ積み上げて対象システム全体を表現するものである。モデルのパラメータの多くは、エネルギー変換効率などの工学的に定義されるパラメータであり、社会におけるエネルギーフローを、与えられた断片的なデータから演繹法的に推定することになる。

(2) エネルギーモデルによる長期シナリオ

エネルギーモデルを用いて長期のエネルギー需給シナリオを構築分析することで、温暖化対策技術に関する様々な知見が得られる。ここでは、エネルギーモデル DNE21 (Dynamic New Earth 21)[2][3] を用いた長期エネルギーシナリオについて記す。

1) エネルギーモデル DNE21 の概要

このモデルは、世界各地域の特性を考慮に入れるため、世界を10地域（先進国4地域、途上国6地域）に分割して計算を進めている。地域間には、天然ガス、石油、石炭という在来型燃料に加え、メタノール、水素という新燃料と、発電所等で回収された CO_2 の輸送が考慮されている。また、本モデルの計算対象期間は、2000年から2100年までの100年間であり、この期間中の現在価値換算（本稿での割引率は5%/年）されたエネルギーシステム総コストが最小となるエネルギーシステム構成を算出する。システム総コストには、一次エネルギー供給コスト、エネルギー輸送コスト、CO_2 回収貯留コスト、各種エネルギープラントの設備費・運転保守費、省エネルギーコストなどが含まれる。エネルギーシステムの供給サイドはボトムアップ方式で、需要サイドはトップダウン方式でモデル化された典型的な最適化型エネルギーモデルである。

将来のエネルギー最終需要については予めシナリオとして与えているが、ここでは CO_2 問題を議論する際に標準シナリオとしてしばしば引用される IPCC による SRES の B2 シナリオ[4] に準拠している。図4-3にはDNE21モデルで想定された地域別エネルギーシステム構成の想定図を示す。

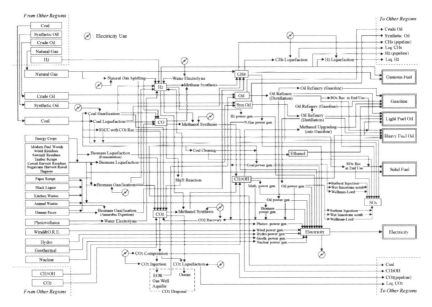

図4-3　地域別エネルギーシステム構成の想定図

2）CO_2制約下を考慮に入れた最適エネルギーシステム構成

　ここでは、CO_2制約下での対策技術の評価を目的に、DNE21モデルを用いて、以下の2通りのケースを想定した最適化計算を行った結果を示す。両ケースの計算結果を比較することで、温暖化対策を考慮したエネルギー戦略の洞察を得られるものと考えられる。

・無制約ケース
・CO_2制約ケース（550 ppm大気中濃度安定化）

　図4-4には2100年までの一次エネルギー生産の推移を示す。両ケースを比較すると、最も大きな違いが見られるのは石炭の生産量であることがわかる。「無制約ケース」では石炭の供給量を大幅に増加させた方がシステム総コストは安価になる。一方、「CO_2制約ケース」では、石

炭による発電と合成燃料の生産は抑制し、一次エネルギーにおける石炭供給を厳しく減少させている。石油や天然ガスの生産量の推移についてはあまり大きな変化はなく、「CO_2 制約ケース」であっても、21世紀中は化石燃料への依存度が高い状態が続く可能性が高いことが見て取れる。なお、これらの化石燃料の資源量に関しては、未確認の推定埋蔵量や予測埋蔵量も含めている。

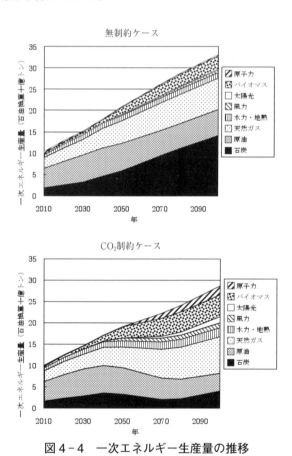

図4-4 一次エネルギー生産量の推移

「CO_2 制約ケース」では、非化石エネルギーの中では特に、バイオマスの生産量を増加させた方が良いとの結果を得た。ただし、バイオマスエネルギーの大規模利用に関しては、これまでの実績が限られており、まだ認識されていない技術的・社会経済的な障壁があるかもしれない点には注意が必要である。一方、太陽光発電や風力発電に関しては、技術進歩によるそれらの発電単価の低減を見込んでも、それらの発電規模を電力系統容量のある一定割合以下に抑える必要があるため、貢献度が限定される結果となった。しかし、関連技術の進歩により、出力の不安定性に関する問題が解消されれば、この制約は将来的には緩和される可能性が十分ある。原子力発電に関しては、社会的受容性の問題を考慮して、設備容量に地域別、時点別に上限（世界全体で 1,500 GW）を設けているため、「CO_2 制約ケース」でも大幅な拡大を見せていない。ただし、この程度の発電を行うだけでも、原子力発電所の方式として現在主力である軽水炉の利用を前提とすると、ウラン鉱石資源のほとんどを使い切ってしまう見通しとなる。

前述したように、CO_2 排出量削減方策は大きく 3 種類に分けられるが、図 4-5 には、各種対策技術の貢献度を推定した結果を示す。

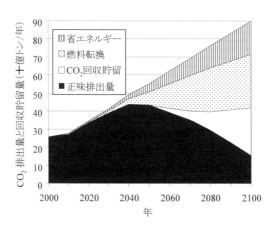

図 4-5　各種対策技術の貢献度

図4-5のすべての層を積み上げた値が、「無制約ケース」の排出量に相当し、正味排出量の層が「CO_2制約ケース」の排出量となっている。各層の厚さが、各種対策技術の貢献度を表現している。これら3つの対策技術による削減効果は互いに同程度の大きさとなっている。このことは、CO_2を大幅に削減するためには、省エネルギーからCO_2回収貯留に至るすべての方策を考慮に入れた、複合的なアプローチを取ることが、コスト最小化の観点からは望ましいことを示唆している。

参考文献

(1) 茅 陽一・藤井康正、「エネルギー論」、岩波書店、岩波講座「現代工学の基礎」技術連関系-5（2001）
(2) 松岡 譲 編著、「エネルギーと環境の技術開発」、コロナ社、地球環境のための技術としくみシリーズ6（2005）
(3) 山地憲治、「エネルギー・環境・経済システム論」、岩波書店、環境学入門〈11〉、（2006）
(4) 住 明正・島田荘平 編著、「温室効果ガス貯留・固定と社会システム」、コロナ社（2009）
(5) 藤井康正、「エネルギー環境経済システム」、コロナ社（2018）

引用文献

(1) IPCC、Climate Change 2013: The Physical Science Basis、Working Group I Contribution to the Fifth Assessment Report of the IPCC、CAMBRIDGE UNIVERSITY PRESS（2013）
(2) Fujii, Y. and Yamaji, K., "Assessment of technological options in the global energy system for limiting the atmospheric CO_2 concentration", Environmental Economics and Policy Studies, 1 pp.113-139（1998）
(3) 茅陽一監修、「地球を救うシナリオ－CO_2削減戦略」、日刊工業新聞社、pp.179-217（2000）
(4) Nakićenović et al., Special Report on Emissions Scenarios（SRES）for IPCC. Working Group III, Intergovernmental Panel on Climate Change（IPCC）, Cambridge University Press, Cambridge, UK, ISBN: 0-521-80493-0（2000）

5 | エネルギーを理解するために
―エクセルギーとアネルギー―

堤　敦司

《目標＆ポイント》　エネルギーとは何か、その本質を理解するために、まずエネルギーに関する基礎的事項である、力学的エネルギーと熱エネルギー、仕事と熱の概念およびそれらの等価性、エネルギー保存則（熱力学第1法則）、などを学ぶ。エネルギーは、仕事として取り出し得るエクセルギー（有効エネルギー）と環境温度の熱として仕事として取り出すことができないアネルギー（無効エネルギー）から成っていることを理解する。そして、仕事と熱が系に取り込まれるまたは取り出されることによって、内部エネルギーを介して熱と仕事が相互変換されること（熱力学サイクルプロセス）を学ぶ。

《キーワード》　熱と仕事、力学的エネルギー、ジュールの実験、エネルギー保存則（熱力学第1法則）、カルノー効率、系、状態量、内部エネルギー、エンタルピー、エントロピー、ギブズエネルギー、エクセルギー、アネルギー、エクセルギー率、サイクルプロセス

1. エネルギーとは何か？

（1）力学的エネルギー

　我々が、エネルギーとは何か正確に理解できるようになったのは比較的最近である。運動している物体は、何らかの物体を運動させる物理量を持っており、激しく運動する物体ほどその量は大きいと考えられた。今日の物理学でいう運動エネルギーの概念である。物体に力を作用させた結果、運動するのであるから、外力がした仕事が物体に与えられたエ

ネルギーであるとし、運動方程式により力とエネルギーが関係づけられた。さらに、重力のように物体にかかる力が物体の位置だけで決まるとき（このような力を保存力といい、その位置だけで決まる関数をポテンシャルという）、そのような力の場におかれた物体は位置エネルギー（ポテンシャルエネルギーとも呼ぶ）を持っているとした。そして、運動エネルギーと位置エネルギーの和が保存されていること、すなわち力学的エネルギー保存則が成り立つことを見いだし、エネルギーが閉じた系では保存される物理量であるとした。

（2）熱

　熱は、今日では、温度が異なる2つの物体が接触するとき、高い温度の物体から低い温度の物体に移動するエネルギーと定義されている。ただし、熱エネルギーなるものが実体としてあるのではなく、系内の分子や原子の熱運動による微視的な運動エネルギーおよびポテンシャルエネルギーである。熱は系と外界との間を移動する過程でのみ定義できるエネルギー形態であり、系内に入った熱は系の内部エネルギーの増分となっているのである。例えば、熱交換器で異なる温度の流体間で熱交換する場合、高温流体の内部エネルギーの一部が、熱として熱交換壁を介して低温流体に流れ込み、低温流体の内部エネルギーが増加する。すなわち、実体としての熱エネルギーは、物質が保有している内部エネルギーなのである。

　熱の本質を理解するために、これまで私たちが熱をどのように捉えていたのか歴史を振り返ってみよう。18世紀末まで、「熱素説」が広く支持されていた。これは、物質は目に見えず重さのない一種の物質のような「熱素」を保有しており、これが高い温度の物体から低い温度の物体に流れ込み、高い温度の物体は温度が下がり、低い温度の物体は温度が

上がると考えられていた。熱素の全体の量は、質量と同じように保存されると考えられ（熱量保存の法則）、今日のエネルギー保存則と矛盾はなかった。

（3）熱素説の否定

1842年に、マイヤーが仕事と熱が相互に変換することができること、そして今日で言うエネルギーの保存則を論文で発表した。さらに、イギリスの物理学者ジェームズ・プレスコット・ジュールも、図5-1のような装置を用いて、その後「ジュールの実験」として有名になる実験を行った。おもりが降下すると、滑車と回転軸を介して、断熱された容器の中の羽根車が回り中の水を撹拌する仕組みになっている。撹拌により仕事が熱（摩擦熱）に変換され、中の水の温度が上昇する。その温度上昇とおもりが動いた距離を測定し、熱の仕事当量を正確に求めた。その

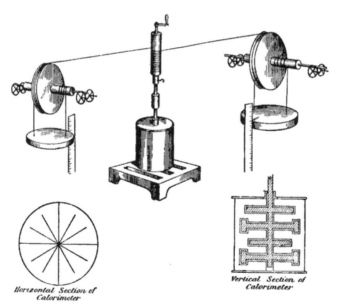

図5-1 ジュールの実験

結果、熱は仕事と等価なエネルギーであり、1 cal の熱が 4.185 J の力学的エネルギーと等価であるということが見いだされた。

また、熱素説では、摩擦熱は物質に加えられた力により熱素が外に流れ出てくると考えられていたが、ジュールの実験では、仕事を加える限り熱が無限に出てくることになり、熱素説では説明できない。さらに、物質が存在しない真空中でも熱が放射により伝わることが見いだされ、20 世紀初めには、完全に熱素説は否定され、熱エネルギーは高温の系から低温の系に移動する過程でのみ定義できるエネルギー形態であり、実体は系内の分子・原子の熱運動による微視的な運動エネルギーであると理解されるようになった。

(4) エネルギー保存則

さらに、仕事により熱が生成する（力学的エネルギーが熱エネルギーに変換される）ことから、従来の熱量保存則と力学的エネルギー保存則を拡張し、エネルギーの総量は一定で増えもしなければ減りもせず、力学的エネルギーと熱エネルギーの総和は保存されているというエネルギー保存則（熱力学第 1 法則）にまとめられ、熱力学の基礎となった。その後、電磁場のエネルギーや化学エネルギーも含めて拡大され、閉じた系ではエネルギーは普遍的に保存される物理量であるという今日のエネルギーの概念が確立していった。

2. 熱と仕事の等価性

力学的エネルギーを 100％熱エネルギーに変換することはできるが、逆に熱エネルギーを 100％力学的エネルギーに変換できるのであろうか？　この疑問に解を与えたのがカルノーである。カルノーは熱機関（熱エネルギーを力学的エネルギーに変換する仕組み）の効率を向上で

きないかと考え、いわゆるカルノー・サイクルの理論を展開し、温度 T_1 の高温熱源と、温度 T_2 の低温熱源との間で作動する熱機関の最大効率 η は、

$$\eta = (T_1 - T_2)/T_1 \tag{1}$$

となり、熱エネルギーを100％力学的エネルギーに変換することはできないということを示した。このことは、力学的エネルギーと熱エネルギーが完全に等価というわけではなく、力学的エネルギーあるいは電気エネルギーからの熱エネルギーへの変換は不可逆であることを示している。このカルノーの理論から、エントロピーの概念が生まれていき熱力学第2法則へと繋がっていくことになる。

また、カルノー効率による熱から仕事への変換の限界は、熱エネルギーには、仕事（力学的エネルギー）として取り出せる部分と仕事として取り出せない（より温度の低い熱エネルギーとして取り出す）部分があるということを示していると考えられる。ここから、エクセルギーおよびアネルギーという概念が生まれることになる。詳細は4節で述べる。

3. 熱、仕事と内部エネルギー

エネルギーには、運動エネルギー、熱エネルギー、電気エネルギー、などの種々の形態があるが、実体としてエネルギーに種々の異なるエネルギーがあるわけではない。力学的エネルギーのところで述べたように、物体に力を作用させた結果、その物体が運動するのであるから、外力がした仕事が物体に与えられたエネルギーであるとし、エネルギーを仕事で説明された。このように、エネルギーは、系（物質のまとまり）がもつ物理量であり、物質はエネルギーのキャリアーである。

今、エネルギーや物質生産プロセスについて考える。標準状態（温度25℃、圧力101 kPa）（脚注1）の原料がプロセスに入り、加熱されたり、加圧されたりした後、物質のまとまり（系）に対して、系の外部（外界）との間でエネルギーのみがやり取りされる流通系を考える。まず、系内の物質がもつエネルギーのうち、系全体の運動エネルギーおよびポテンシャルエネルギーを差し引いたエネルギーを内部エネルギー U として定義する。エネルギーは、外部から系内へ、あるいは系内から外部へ仕事あるいは熱の形態で移動する。熱あるいは仕事が系の中に入った場合、それは熱または仕事として保存されているのではなく、内部エネルギーとなっているのである。外部から流れ込んだ熱（エネルギー）δQ と外部が系にした仕事（エネルギー）δW の和が、系がもつエネルギー（内部エネルギー）の増加量になるから、エネルギー保存則より、次式で内部エネルギーを求めることができる。

$$dU = \delta W + \delta Q \tag{2}$$

ここで、内部エネルギー U は状態量（脚注2）であるが、仕事 W と熱 Q は状態量ではない。そこで、仕事 W および熱 Q を、それぞれ状態量である圧力 P と体積 V および温度 T とエントロピー S（脚注3）を用いて表すと、

$$dU = -PdV + TdS \tag{3}$$

$$\Delta U = -\int_A^B PdV + \int_A^B TdS \tag{4}$$

となる。

（脚注1）標準状態：標準温度25℃、標準大気圧101.3 kPaの状態のこと。エネルギーは最終的には系と外界の間でやり取りされるため、標準状態との差が重要となる。

（脚注2）状態量：系の状態が状態1から状態2に変化した場合、経路によらず状態1と状態2を指定すれば決まる物理量。状態関数（状態変数）、熱力学関数ともいう。系の状態はいくつかの状態変数で規定することができる。状態量には、体積、エントロピーのように物質量に比例する示量性状態量（示量変数）と、圧力、温度のように物質量に依存しない示強性状態量（示強変数）とがあり、示量性状態量と示強性状態量の中には、体積と圧力あるいはエントロピーと温度のように互いに掛け合わせるとエネルギーの次元をもつ示量性の物理量となるものがあり、この関係を共役という。

（脚注3）エントロピー S：熱 Q と温度 T を関係づける示量性状態量で次式で定義される。

$$dS = \frac{\delta Q}{T} \qquad \text{（脚注1）}$$

状態Aから状態Bへの状態変化において、脚注式1を積分すると、

$$\Delta S = S_B - S_A = \int_A^B \frac{dQ}{T} \qquad \text{（脚注2）}$$

となり、エントロピー変化を求めることができる。温度 T の系から外部に熱 Q が流出するとき、系からエントロピー S が外部に流出し、系内部のエントロピーが減少したと考える。これによって、系の熱の出入りが状態関数だけで記述することができる。

図5-2および図5-3は仕事 W および熱 Q が系内に流入し、状態Aから状態Bに変化したときの $P-V$ 線図および $T-S$ 線図を示している。網掛けの部分の面積がそれぞれ系内に流入した仕事および熱のエネルギー量を表している。

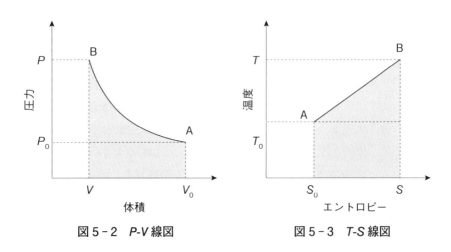

図5-2　P-V 線図　　　　　図5-3　T-S 線図

4. エクセルギーとアネルギー

（1）エンタルピー、エクセルギーおよびアネルギー

　熱と仕事の等価性のところで述べたように、仕事は熱にすべて変換することができるのに対して、熱はすべて仕事に変換できるわけではない。熱エネルギーも分子・原子などの熱運動による微視的な運動エネルギーおよびポテンシャルエネルギーの総和で、温度が高ければ高いほど分子・原子の運動が激しくなり、より大きなエネルギーをもつ。しかし、すべての分子・原子が同じ方向に運動しているのなら、すべてのエネルギーを取り出すことができるが、ランダムな分子運動をしているので、

ある方向に運動している分子に対して、同時に反対方向に運動している分子が存在する。したがって、すべての運動エネルギーを取り出すことはできず、外界と系で分子・原子などの運動の激しさに違いがあるとき、運動エネルギーの総和の差のみが移動する。すなわち、温度が高い（激しく運動している）ところから、温度が低い（運動がより穏やか）ところに微視的な運動エネルギーが移動する。これが熱移動で、その系の温度が周囲より低いときは、熱が周囲から系内に流れ込み、逆に系の温度が高いときは、系内から周囲に熱が流出する。したがって、その系の温度が標準温度25℃（298 K）のときは、系から標準環境に熱を取り出したり、取り入れたりすることができない。この標準温度25℃の熱エネルギーは、利用することができないエネルギーであることから無効エネルギーあるいはアネルギーと呼ばれている。すなわち、アネルギーとは標準温度の熱エネルギーのことである。全エネルギーからアネルギーを差し引いた分がエクセルギー（有効エネルギー）で、そのエネルギーから取り出し得る最大の仕事である。

（2）熱のエクセルギーとアネルギー

熱には2種類があり、物体に熱を加えたとき物体の温度が上昇して行く場合を顕熱、加熱しても物体の温度は変わらず蒸発など相変化に費やされる場合を潜熱という。液体から気体に相変化が起こる場合、分子間の相互作用を断ち切って分子が自由に運動できるようになるためにエネルギーが使われるため、相変化が始まってから終わるまで、温度が一定のままとなる。

図5-4に顕熱の温度(T)－エントロピー(S)線図を示す。エネルギー量Qは図5-4中で1→2→4→5で囲まれた部分の面積となり、Hをエンタルピーとすると次式で与えられる。

$$Q = H - H_0 = \int_{S_0}^{S} T dS \tag{5}$$

また、アネルギーを An、エクセルギーを Ex とすると、それぞれ図中の $0 \rightarrow 3 \rightarrow 4 \rightarrow 5$ で囲まれた部分の面積および $0 \rightarrow 1 \rightarrow 2 \rightarrow 3$ で囲まれた部分の面積で表され、An、Ex はそれぞれ次式で与えられる。

$$An = T_0 (S - S_0) \tag{6}$$

$$Ex = \int_{S_0}^{S} (T - T_0) dS = Q - T_0 (S - S_0) = Q - An \tag{7}$$

したがって、図5-4に表される顕熱の場合、エネルギー量 Q はエクセルギー Ex とアネルギー An の和であり、次のようにエネルギー Q はベクトル表現（エクセルギー，アネルギー）の形式で表記できる。

$$Q = Ex + An \tag{8}$$
$$Q \equiv (Ex, An) \equiv (Q - An, An) \equiv (Q - T_0 \Delta S, T_0 \Delta S) \tag{9}$$

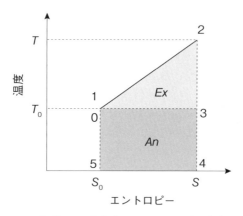

図5-4 顕熱の温度(T)－エントロピー(S)線図

（3）仕事および一般のエネルギーのエクセルギーとアネルギー

さらに、熱エネルギーだけでなく、力学的エネルギー、化学エネルギーなどすべてのエネルギー（E）は、仕事として取り出せるエクセルギー（Ex）と仕事として取り出すことができないアネルギー（An）とから成っており、エクセルギーとアネルギーの和がエネルギー量となり、保存されていると考えることができ、一般にエネルギー E はベクトル表現（Ex, An）で次のように表すことができる。

$$E = Ex + An = const. \tag{10}$$
$$E \equiv (Ex, An) \equiv (E - An, An) \tag{11}$$

仕事 W の場合は、アネルギー An が 0 であるから、

$$W = Ex \tag{12}$$
$$W \equiv (Ex, 0) \tag{13}$$

と表される。

（4）エクセルギー率

様々なエネルギーに対してエクセルギーが求められ、エネルギーに対するエクセルギーの割合をエクセルギー率 ε と呼び、エネルギーの質を表す指標として用いられている。

顕熱 Q の場合、エクセルギー率 ε は、(6)、(7) 式より、

$$\varepsilon = \frac{Ex}{Q} = \frac{Q - T_0(S - S_0)}{Q} \tag{14}$$

で与えられる。ここで求められた熱のエクセルギー率はカルノー効率と異なることに注意して欲しい。多くの教科書において、熱エネルギーの

エクセルギー率をカルノー効率で与えられているが、これは誤りである（章末注釈参照）。

一方、顕熱や反応熱のように温度が一定の熱は、図5-5(a)から、そのエクセルギーは、

$$Ex = (T - T_0)\Delta S \tag{15}$$

で与えられるから、エクセルギー率は、

$$\varepsilon = \frac{Ex}{Q} = \frac{(T-T_0)\Delta S}{T\Delta S} = 1 - \frac{T_0}{T} \tag{16}$$

となり、カルノー効率と一致する。ただし、これは温度が一定の潜熱部分のみで、一般に温度 T の熱エネルギーといえば、環境温度 T_0 から温度 T まで（エントロピー S_0 から S_2 まで）積分した図5-5(b)で $0 \rightarrow 1 \rightarrow 2 \rightarrow 4 \rightarrow 5$ で囲まれた部分の面積となり、常温から沸点までの顕熱も含んだ熱エネルギーをいう。したがって、一般に温度 T の潜熱のエクセルギー率は、顕熱同様、カルノー効率より小さいものとなる。

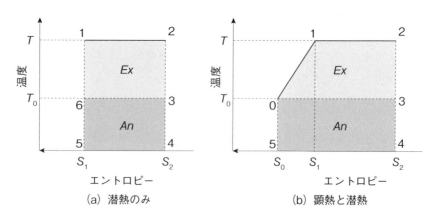

図5-5　潜熱の温度-エントロピー線図

図 5-6 に空気(圧力 101 kPa)がもつ熱エネルギー(顕熱)のエクセルギー率をプロットしたものである。燃料の化学エネルギーのエクセルギー率は 0.92〜0.98 で最も小さい水素エネルギーでもエクセルギー率は 0.83 なのに対して、熱エネルギーのエクセルギー率は小さく、600℃でも 0.44 に過ぎない。また、図には、カルノー効率も合わせてプロットしたが、熱のエクセルギー率はカルノー効率より小さいことがわかる。

まとめると熱エネルギー Q は、次式で表すことができる。

$$Q \equiv (Q - T_0 \Delta S, T_0 \Delta S) \equiv (\varepsilon Q, (1-\varepsilon)Q) \tag{17}$$

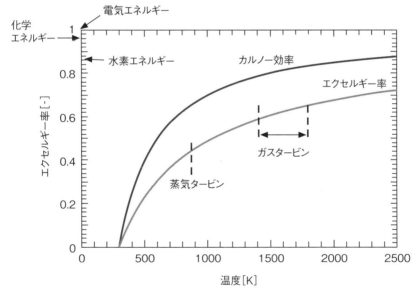

図 5-6 熱エネルギーのエクセルギー率

5. プロセスにおける熱・仕事・内部エネルギー

（1）エネルギー変換としての熱と仕事の取り入れ・取り出し

　エネルギー生産（変換）・物質生産は、系（ある物質の集まり）に仕事あるいは熱を加えたり、取り出したりすることである。これをプロセスという。図5-7は連続プロセスとバッチプロセスの熱と仕事の出し入れを表す。系内に入る物質および系から取り出す物質はともに標準状態と考える。系内で化学反応がまったく起こらない物理プロセスの場合（$H^{\circ}_{in} = H^{\circ}_{out}$、上付きの○は標準状態での値であることを表す）、エネルギー保存則より、

$$W_{in} + Q_{in} = W_{out} + Q_{out} \tag{18}$$

となる。このとき、系に入った仕事または熱は、系内では内部エネルギーにエネルギー変換される。逆に系から熱または仕事を取り出す場合は、内部エネルギーから熱および仕事にエネルギー変換される。

　エネルギー生産（変換）・物質生産プロセスは、エネルギー変換の観点から各機能ごとに幾つかのモジュールに分解できる。熱あるいは仕事

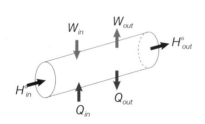
（a）連続プロセス

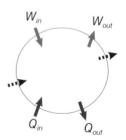
（b）バッチプロセス

図5-7　プロセスにおける熱・仕事・内部エネルギー

を加えたり、取り出したりするモジュールを、熱レシーバー（受熱器）と熱トランスミッター（送熱器）、仕事レシーバー（圧縮機）と仕事トランスミッター（膨張機）という。これら4つの熱レシーバー、熱トランスミッター、仕事レシーバーおよび仕事トランスミッターを熱力学的基本モジュールという。

（2）熱レシーバー（受熱器, HR）と熱トランスミッター（送熱器, HT）

温度 T_1 の系が熱を受け取り、温度 T_2 になるまで加熱された場合を考える。温度 T_1 の系の内部エネルギー Q_1 は図5-8の0→1→4→3で囲まれた部分で表され、エクセルギーは0→1→6→0で囲まれた部分で Ex_1、アネルギーは0→6→4→3で囲まれた部分で $An_1 = T_0(S_1 - S_0)$ となり、内部エネルギー（熱エネルギー）Q_1 は、$Q_1 \equiv (Ex_1, An_1)$ で表せる。同様に、熱 Q_2 は $Q_2 \equiv (Ex_2, An_2)$ となる。温度 T_2 の系の内部エネルギーは、0→2→5→3で囲まれた部分であるから、内部エネルギー Q_1 に熱 Q_2 が加えられると、内部エネルギーのエクセルギーおよびアネルギーは、Q_1 のエクセルギーとアネルギーがそれぞれ加えられものとなり、次式で表される。

$$(Ex_1, An_1) + (Ex_2, An_2) \equiv (Ex_1 + Ex_2, An_1 + An_2) \tag{19}$$

逆に温度 T_2 の系から熱 Q_2 が取り出されて、温度が T_1 になった場合を考えると、図5-8から、内部エネルギーから熱を取り出す場合は、

$$(Ex_1 + Ex_2, An_1 + An_2) \equiv (Ex_1, An_1) + (Ex_2, An_2) \tag{20}$$

となる。したがって、熱を系へ取り入れる、あるいは系から熱を取り出すのは、図5-9のエネルギー変換ダイヤグラムで示したようなエネルギー変換と考えられる。ここでエネルギーはもちろんエクセルギーとア

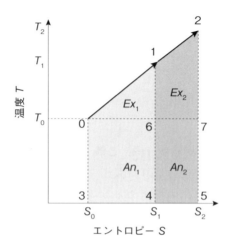

図5-8 熱レシーバー（HR）と熱トランスミッター（HT）の温度－エントロピー線図

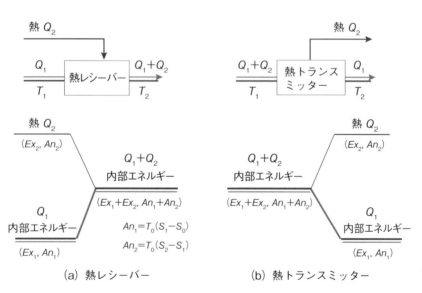

図5-9 熱レシーバー（HR）と熱トランスミッター（HT）のエネルギー変換ダイヤグラム

ネルギーもそれぞれ保存されている。

温熱ではなく冷熱の場合、HR および HT と同様に冷熱レシーバー（CHR）および冷熱トランスミッター（CHT）として表すことができる。

（3）仕事レシーバー（圧縮機, WR）と仕事トランスミッター（膨張機, WT）

次に、温度 T_1 の系（ガス）が可逆断熱圧縮され、温度 T_2 になった場合を考える。温度 T_1 の系の内部エネルギー $Q_1(Ex_1, An_1)$ に、圧縮仕事（エクセルギー）Ex_2 が加えられ、系の内部エネルギーは $(Ex_1 + Ex_2, An_1)$ となる。したがって、このエネルギー変換は以下の式で表される。

$$(Ex_1, An_1) + (Ex_2, 0) \equiv (Ex_1 + Ex_2, An_1) \tag{21}$$

ここで可逆過程であるから、エネルギーはもちろんエクセルギーも保存されている。

また、逆に可逆断熱圧縮され温度 T_2 となった系（ガス）を可逆断熱膨張させ仕事 W を取り出す場合のエネルギー変換方程式は、

$$(Ex_1 + Ex_2, An_1) \equiv (Ex_1, An_1) + (Ex_2, 0) \tag{22}$$

となる。

図 5-10 に仕事レシーバーと仕事トランスミッターのエネルギー変換ダイヤグラムを示す。エネルギーはもちろんエクセルギーとアネルギーもそれぞれ保存されていることがわかる。

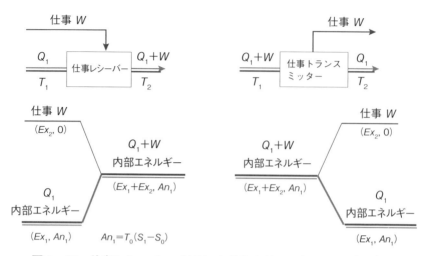

図5-10 仕事レシーバー（WR）と仕事トランスミッター（WT）の
エネルギー変換ダイヤグラム

6. サイクルプロセスによる熱と仕事の相互変換

（1）熱および仕事の相互変換の原理

　熱レシーバー（HR）、熱トランスミッター（HT）、仕事レシーバー（WR）、仕事トランスミッター（WT）の4つの熱力学基本プロセスモジュールによって、系内に仕事または熱が取り入れられたり、取り出されたりする。仕事および熱は、系から系に移動する過程のエネルギーであり、仕事および熱は系内では内部エネルギーになっている。図5-9および図5-10のエネルギー変換ダイヤグラムにおいて、内部エネルギーが太線で示されており、これは物質の流れも表している。仕事または熱が系内に入ると内部エネルギーのエクセルギーおよびアネルギーに、仕事または熱のエクセルギーおよびアネルギーがそれぞれ加えられる。逆に、系から仕事または熱が取り出される場合、内部エネルギーの

図5-11　内部エネルギーを介した仕事と熱の相互変換

エクセルギーおよびアネルギーから仕事または熱のエクセルギーおよびアネルギーがそれぞれ差し引かれる。ここで、熱および仕事は、相互に直接変換されるのではなく、物質がもつ内部エネルギーを介してエネルギー変換されていることに注目して欲しい。仕事あるいは熱から仕事または熱を直接加えたり、差し引いたりすることができないのである。

仕事または熱を系内に取り入れたり取り出したりする熱力学基本プロセスモジュールを組み合わせると、内部エネルギーを介して熱と仕事の相互変換（例えば熱を取り入れ仕事を取り出す、すなわち熱エネルギーから機械エネルギーへの変換）が可能となる（図5-11）。

(2) エネルギー変換のための熱力学サイクルプロセス

前項の4つの熱力学基本プロセスモジュールを組み合わせてサイクルプロセスを構成することができる。ガスをプロセス流体とし、標準状態を出発点とした場合、熱力学基本プロセスモジュールを組み合わせたサイクルプロセスとして図5-12に示したように、熱機関型サイクルプロセス、ヒートポンプ型サイクルプロセス、冷熱発生型サイクルプロセス、冷熱発電型サイクルプロセスの4つが考えられる。

1) 熱機関型サイクルプロセス

WR → HR → WT → HT の組み合わせで、熱エネルギーを仕事とより低い温度の熱に変換するエネルギー変換システムとなる。ガスタービ

ンのブレイトンサイクルと同じである。

2）ヒートポンプ型サイクルプロセス

熱機関サイクルプロセスの逆サイクルで、HR → WR → HT → WT の組み合わせで、低い温度の熱を圧縮仕事を加えることで、より高い温度の熱に汲みあげるエネルギー変換システムである。逆ブレイトンサイクルと同じである。

3）冷熱発生型サイクルプロセス

WR → HT → WT → CHT の組み合わせで、始めに断熱圧縮して温度が上がる。ここで CHT は冷熱トランスミッターを表す。この温熱を環境に捨て、常温まで戻った後、断熱膨張させ仕事を取り出す。温度が下がり冷熱を取り出すことができる。結局、仕事から温熱と冷熱を発生させるエネルギー変換システムとなる。

4）冷熱発電型サイクルプロセス

冷熱発生サイクルプロセスの逆サイクル。CHR → WR → HR → WT の組み合わせで、温熱と冷熱を仕事に変換することができる。ここで CHR は冷熱レシーバーを表す。

(3) エネルギー変換の基本原理

このように、4つの熱力学基本プロセスモジュールを組み合わせることによってエネルギー変換のための熱力学サイクルプロセスが構成でき、内部エネルギーを介して仕事と熱を相互変換することができる。すべてのプロセスは、この熱機関型、ヒートポンプ型、冷熱発生型、冷熱発電型のサイクルプロセスのいずれか、あるいはこれの組み合わせとなる。

そして、重要なのは、エネルギー変換で、エネルギーはもちろんエクセルギーとアネルギーもそれぞれ保存されていることである。これらを用いて内部エネルギーを介することにより、仕事、熱および冷熱を相互に変換することができる。

1）熱機関型サイクルプロセス

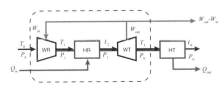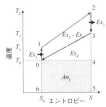

2）ヒートポンプ型サイクルプロセス

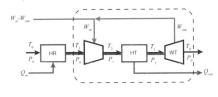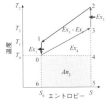

3）冷熱発生型サイクルプロセス

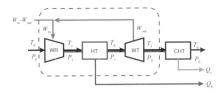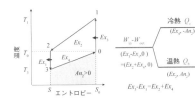

4）冷熱発電型サイクルプロセス

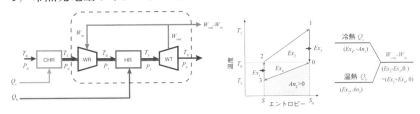

図5-12　エネルギー変換のための4つの熱力学サイクルプロセス

(注釈)

　温度 T の熱 Q のエクセルギー率は、取り出せる最大仕事はカルノー効率で規定されるから熱のエクセルギーは

$$Ex = \varepsilon Q = \left(1 - \frac{T_0}{T}\right) Q \qquad 補(1)$$

となると多くの教科書において記述されているが、工学的応用を考えた場合、以下に述べるように混乱をまねいてしまう。この計算によるエクセルギーは、温度 T の熱をカルノーサイクルで仕事を取り出し、環境に熱を捨てた場合のものである。すなわち、温度 T の容量無限大の熱源があることを前提としたものである。熱エネルギーはその系を構成する物質が保有しているのであり、物質量すなわち熱量は有限である。したがって、有限な熱エネルギーを仕事に変換して取り出していくにつれ、系の温度が低下していく。すなわち、有限量の熱エネルギーのエクセルギーを計算するのは、次式の微分式から求める必要がある。

$$\begin{aligned} dEx &= dQ - T_0 \frac{dQ}{T} \\ &= -dH - T_0 dS \end{aligned} \qquad 補(2)$$

温度 T の熱エネルギーのエクセルギーは、補(2)を T_0 から T まで積分して

$$\begin{aligned} Ex &= -(H - H_0) - T_0(S - S_0) \\ &= Q - T_0(S - S_0) \end{aligned} \qquad 補(3)$$

となり、エクセルギー率は

$$\varepsilon = \frac{Ex}{Q} = \frac{Q - T_0(S - S_0)}{Q} \qquad 補(4)$$

となり、(14)式と一致する。

6 | エネルギー変換とエクセルギー破壊

堤　敦司

《目標＆ポイント》　エネルギー保存則にもかかわらず、なぜ我々は大量のエネルギーを消費し続けているのか？　この疑問に答えるためには、エネルギーの本質を理解する必要がある。エネルギー消費とはエクセルギーがアネルギーに転化すること（エクセルギー破壊）であることを説明する。そして、我々のエネルギー利用体系では、化石エネルギーを燃焼し熱を発生させて利用する燃焼過程で大きなエクセルギー破壊が起こっていることを理解する。
《キーワード》　エネルギー形態、エネルギー変換、エクセルギー破壊、エントロピー生成、化学エネルギー、$\Delta G\text{-}T$ 線図、化学反応におけるエネルギー変換

1. エネルギー形態とエネルギー変換

（1）エネルギー形態

　エネルギーには、化学エネルギー、熱エネルギー、機械エネルギー、電気エネルギーなど種々の形態がある。エネルギーはある形態から別のエネルギー形態に変換されるが、これをエネルギー変換という。エネルギー変換装置、方法には熱機関や燃料電池など様々なものがある。

　（図6-1　**口絵**）に、人類のエネルギー変換の体系を示す。我々は、まず、化学エネルギーである石油、石炭、天然ガスといった化石エネルギーを燃焼させ、熱エネルギーに変換し熱として利用している。次に、熱機関を用いて熱エネルギーを機械的エネルギーに変換し、機械の動力

として利用する。さらに、機械的エネルギーを発電機で電気エネルギーに変換し、電力として利用している。

（2）エネルギー変換

エネルギーは、ある1つのエネルギー形態から別のエネルギー形態にエネルギー変換され利用される。このとき、エネルギー変換があるエネルギー形態から別のエネルギー形態へ1対1対応で変換されるだけでなく、1つのエネルギー形態から異なる2つのエネルギー形態へのエネルギー変換や、2つの異なるエネルギー形態のエネルギーが合わさって1つのエネルギー形態のエネルギーに変換される場合もある。

2. エネルギー変換におけるエクセルギー破壊

（1）仕事→熱の直接エネルギー変換におけるエクセルギー破壊

5章で見たように、4つの熱力学基本プロセスモジュールを組み合わせた4つの熱力学サイクルプロセス（熱機関型、ヒートポンプ型、冷熱発生型、冷熱発電型）では、内部エネルギーを介して熱と仕事を相互変換することができる。このエネルギー変換で、すべての断熱圧縮・膨張過程が可逆であるならエネルギーはもちろんエクセルギーとアネルギーもそれぞれ保存されている。すなわち、エネルギーは完全に保存されており、エネルギーは使っても使っても決して消滅することのない物理量ということになる。しかし、エネルギー変換の過程で、エクセルギーが保存されず減っていく場合がある。これをエクセルギー破壊（exergy destruction）という。あるいはエクセルギー損失ともいう。

もっとも典型的なエクセルギー破壊は、仕事が内部エネルギーを介さずに直接熱になる場合である。今、電気ポットでお湯を沸かす場合について考える。電気エネルギーはエクセルギー率が100%で、すべてエ

クセルギーであるから、エネルギー量が100 kJとすると、$W \equiv (100, 0)$と表せる。一方、90℃の熱のエクセルギー率は図5-6より約10％であるから、5章の式（17）より、100 kJのお湯のもつ熱エネルギーは$Q = (10, 90)$と表される。これを、エネルギー変換ダイヤグラムで表したのが、図6-2である。

図6-2より、電気仕事および熱のエネルギー量はともに100 kJでエネルギーは保存されているが、熱のエクセルギーは仕事のエクセルギーより90 kJ少なくなり、その分がアネルギーが増えていることが理解できる。すなわちエクセルギーがアネルギーに転化し、取り出せる仕事が減ったのである。

一般に、仕事→熱のエネルギー変換は、仕事WのエクセルギーをEx、熱のアネルギーをAnとすると、熱のアネルギーAnはすべて仕事Wのエクセルギーが転化したものであるから、このエネルギー変換におけるエクセルギー破壊Ex_{loss}は熱エネルギーのアネルギーと等しい。したがって、エントロピー生成をS_{gen}とすると、エクセルギー破壊とエントロピー生成の間には次の関係が成り立つ。

$$Ex_{loss} = T_0 S_{gen} \tag{1}$$

図6-3に一般の仕事→熱のエネルギー変換ダイヤグラムを示す。また、このエネルギー変換は、次のエネルギー変換方程式で表される。

$$(Ex, 0) \triangleright (Ex - T_0 S_{gen}, T_0 S_{gen}) \tag{2}$$

ここで、▷はエクセルギー破壊が起こり、エクセルギーの一部がアネルギーに転化したことを示す。

このように、電気仕事が熱に変換されるジュール熱や機械仕事が熱に変換される摩擦熱、粘性発熱などは、エクセルギーがアネルギーに転化

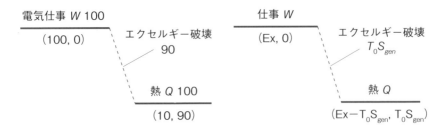

図6-2 電気ポットでお湯を沸かす場合のエネルギー変換ダイヤグラム

図6-3 仕事→熱のエネルギー変換ダイヤグラム

し、エクセルギーすなわち取り出せる最大仕事が減少する。ただし、エネルギー量、エクセルギーとアネルギーの和は一定で、エネルギー保存則は守られている。

(2) 伝熱によるエクセルギー破壊

図6-4に熱交換モジュールを示す。温度が異なる2つの系があり、熱交換モジュール（HX）を介して熱が高温側から低温側へ移動する。これは高温すなわちエクセルギー率が高い熱エネルギー Q_h がエクセル

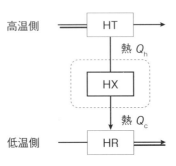

図6-4 熱交換モジュール

ギー率がより低い熱エネルギー Q_c に変換される熱エネルギー－熱エネルギー変換である。この伝熱におけるエクセルギー破壊について考えてみよう。

図6-5(a)、(b)に、伝熱の温度(T)－熱量(Q)線図と温度(T)－エントロピー(S)線図を示す。伝熱するためには温度差ΔTが必要で、高温側から温度($T+\Delta T$)の熱Q_hが熱交換モジュールに入り、伝熱して温度Tの熱Q_cが出力される。したがって、伝熱は温度($T+\Delta T$)の熱が温度Tの熱に変換される熱エネルギー－熱エネルギー変換である。

図6-5(b)中で、Q_hおよびQ_cのエネルギー量はそれぞれ4→3→7→6で囲まれた面積および1→2→7→5で囲まれた面積となり、エネルギーは保存されているためこれらは等しい。

Q_hのアネルギーAnは9→10→7→6で囲まれた面積で$An=T_0\Delta S_{hot}$である。一方、Q_cのアネルギーは8→10→7→5で囲まれた面積$T_0\Delta S_{cold}$であるから、Q_hのアネルギーより、$T_0(\Delta S_{cold}-\Delta S_{hot})$だけ増加している。エネルギーは保存されているから、4→3→2→11で囲

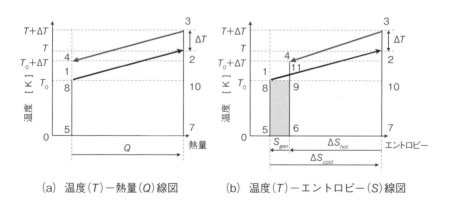

(a) 温度(T)－熱量(Q)線図　　(b) 温度(T)－エントロピー(S)線図

図6-5　伝熱の温度(T)－熱量(Q)線図と温度(T)－エントロピー(S)線図

まれた面積と $1 \to 11 \to 6 \to 5$ で囲まれた面積は等しいので、増えたアネルギーは Q_h のエクセルギーが転化したものであり、これが伝熱によるエクセルギー破壊である。また、Q_h のエントロピーは ΔS_{hot}、Q_c のエントロピーは ΔS_{cold} でエントロピーが $S_{gen} = \Delta S_{cold} - \Delta S_{hot}$ 増加している。これが熱エネルギー－熱エネルギー変換におけるエントロピー生成で、エクセルギー破壊（エクセルギー損失）Ex_{loss} との間には、仕事から熱へのエネルギー変換と同様に（1）式が成り立っている。

図6-6に伝熱における（熱エネルギー－熱エネルギー変換）のエネルギー変換ダイヤグラムを示す。このエネルギー変換方程式は次式で表され、高温側の熱のエクセルギーの一部が低温側の熱のアネルギーに転化する（エクセルギー破壊）と理解できる。

$$(Ex, An) \triangleright (Ex - T_0 S_{gen}, An + T_0 S_{gen}) \tag{3}$$

また、図6-5(b)より、エクセルギー破壊は、熱交換温度差が大きいほど増大し、熱交換温度差にほぼ比例することとなる。

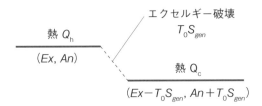

図6-6　伝熱（熱エネルギー－熱エネルギー変換）におけるエネルギー変換ダイヤグラム

3. 化学エネルギー

（1）化学エネルギーとは

　物質のもつエネルギーのうち、それを構成する分子の化学結合に蓄えられているエネルギーを化学エネルギー（chemical energy）という。化学反応によって、反応物分子の化学結合が切れて、原子の組換えが起こり新しく化学結合ができ生成物が生成する。この化学反応において、生成物と反応物がそれぞれもっている化学エネルギーの差が反応系から出入りする。反応物の方が多くの化学エネルギーをもつなら系外にエネルギーが取り出され、逆なら系内にエネルギーが取り込まれる。このとき、反応系から生成物と反応物がそれぞれもっている化学エネルギーの差が、仕事 W あるいは熱 Q のエネルギー形態で出入りする。今日、我々は石油、石炭、天然ガスといった化石エネルギー資源を利用しているが、これは炭素を多く含む化合物であり、燃焼させることで化石エネルギー資源がもっていた化学エネルギーを熱として取り出し利用している。

（2）化学反応と反応熱

　内部エネルギー U の概念を、圧力エネルギーや熱エネルギーのような物理エネルギーだけでなく、化学エネルギーも含めて拡張する。さらに、閉鎖系で体積変化がある場合や、開放系で一定量の流体（反応物）が系内に流れ込み、また生成物が流れ出ている連続プロセス、定常流動系の場合は、系は外部に対して ΔPV の仕事（これを PV 仕事あるいは流動仕事という）をしていることになるが、これは有用な仕事として取り出して利用することはできないので、これを始めから差し引いて考え、次式で定義される状態関数エンタルピー H を内部エネルギーのかわりに用いる。

$$H = U + PV \tag{4}$$

　連続プロセスにおいて、系内で温度および圧力が一定で化学反応が起こる場合、反応物と生成物のエンタルピー差（$-\Delta H$）が取り出されると考える。これが反応熱であり、熱力学関数は系内で増加する場合をプラスと定義するので、$\Delta H < 0$ のときが発熱反応、$\Delta H > 0$ のときが吸熱反応となる。

　反応のエンタルピー変化 ΔH は以下のように計算することができる。まず、各化合物に関して、標準状態（25℃、101.3 kPa）で、各成分元素の単体から等温的に生成するとき吸収する熱を求め、それを標準生成エンタルピー $\Delta H°_f$ としてまとめられている。そして、標準状態での反応熱（反応の標準エンタルピー変化 $\Delta H°_f$）は、化学量論反応式から生成物と反応物の生成エンタルピーの差として、次式で求めることができる。

$$\Delta H° = \Sigma \Delta H°_f (\text{生成物}) - \Sigma \Delta H°_f (\text{反応物}) \tag{5}$$

　また、各化合物について標準生成ギブズエネルギー $\Delta G°_f$ および標準モルエントロピー $S°$ が与えられており、反応のエンタルピー変化と同様に、反応のギブズエネルギー変化および反応のエントロピー変化 $\Delta S°$ を、それぞれ生成物と反応物の標準生成ギブズエネルギーおよび標準モルエントロピーの差として求めることができる。

（3）化学反応におけるエネルギー変換

　連続プロセスにおいて系内で化学反応（発熱反応）が起こる場合、取り出される化学エネルギー量は反応のエンタルピー変化（$-\Delta H$）であるが、これはすべて熱として取り出されるのではなく、熱 Q の他に仕事 W も取り出すことが可能である。反応で仕事 W および熱 Q が取り

出される場合、エネルギー保存則から次式が得られる。

$$-\Delta H = W + Q \tag{6}$$

すなわち化学反応は、化学エネルギーを仕事および熱に変換するエネルギー変換とみることができる。また、化学反応が等温等圧条件下で平衡的に進行する場合、次式の関係が成り立つ。

$$-\Delta H = -\Delta G - T\Delta S \tag{7}$$

ここで、ΔG および ΔS はそれぞれ反応のギブズエネルギー変化および反応のモルエントロピー変化で、$(-\Delta G)$ が取り出される最大仕事を、$(-T\Delta S)$ が取り出される最小熱を表す。すなわち、

$$W \leq -\Delta G \tag{8}$$
$$Q \geq -T\Delta S \tag{9}$$

等号が成り立つのは、反応を可逆的に進行させた場合、すなわち平衡反応の場合である。この化学エネルギーの熱と仕事へのエネルギー変換を、ΔG-T 線図を用いて説明する。

式(7)を変形して、

$$\Delta G = \Delta H - T\Delta S \tag{10}$$

とし、ΔG を温度 T に対してプロットしたのが ΔG-T 線図である。ΔH と ΔS は温度によらずほぼ一定なので、y 切片が $\Delta H°$、傾きが $-\Delta S°$ の直線となる。発熱反応の場合、$\Delta H°$ は負で、一般に発熱反応ではモル数が減少することが多いため $\Delta S°$ は負となり、ΔG-T 線図は、図6-7のような右上がりの直線になる。まず、環境温度25℃($T = T_0$)で反応させた場合、取り出される熱 $(-T_0 \Delta S)$ のエクセルギーは0であるか

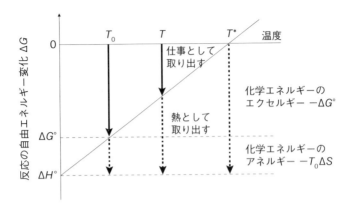

図6-7 発熱反応の△G-T線図

ら、$(-\Delta G°)$が化学エネルギーのエクセルギー、$(-T_0\Delta S)$がアネルギーとなり、化学エネルギーは次式で表すことができる。

$$-\Delta H° \equiv (-\Delta G°, -T_0\Delta S) \tag{11}$$

反応温度が$T[\mathrm{K}]$で、平衡反応の場合、反応が可逆的に進む場合は、取り出される全エネルギー$(-\Delta H)$が、反応のギブズエネルギー変化$(-\Delta G)$（図中で実線部分）が仕事Wとして、$(-T\Delta S)$分（図中で点線部分）が熱Qとして取り出され、それぞれ次式で表せる。

$$W = -\Delta G \equiv (-\Delta G, 0) \equiv (-\Delta G° - (T-T_0)(-\Delta S), 0) \tag{12}$$
$$Q = T(-\Delta S) \equiv ((T-T_0)(-\Delta S), T_0(-\Delta S)) \tag{13}$$

図より反応温度が上がるにつれて、取り出される仕事は少なくなり、熱が増えていく。さらに温度が上がり$\Delta G = 0$になったとき（この温度を転換温度といい、T^*で表す）、取り出される仕事はゼロですべて熱として取り出されることになる。したがって、次の関係式が成り立ち、化

学エネルギーは温度 T^* の熱エネルギーと等価であることが図6-8の T-S 線図からわかる。

$$-\Delta H° = Q = T^*(-\Delta S) \equiv ((T^* - T_0)(-\Delta S), T_0(-\Delta S)) \quad (14)$$

また、発熱化学反応は、化学エネルギー（反応のエンタルピー変化）を仕事$(-\Delta G)$と熱$(-T\Delta S)$に分けるエネルギー変換であるといえる。そして、化学エネルギーのエクセルギー$(-\Delta G°)$が仕事と熱のエクセルギーに $(T^*\text{-}T):(T\text{-}T_0)$ の割合で振り分けられているだけで、エネルギーはもちろんエクセルギーも保存されているのがわかる。この化学反応のエネルギー変換方程式は、

$$(-\Delta G°, T_0(-\Delta S)) \equiv ((T^* - T)(-\Delta S), 0) +$$
（化学エネルギー）　　　　　　　（仕事）

$$((T^* - T_0)(-\Delta S), T_0(-\Delta S)) \quad (15)$$
（熱）

となり、エネルギー変換ダイヤグラムを図6-9に示した。

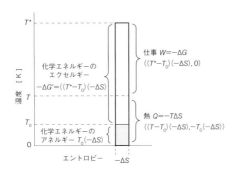

図6-8　化学エネルギーの T-S 線図

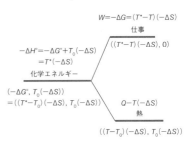

図6-9　化学エネルギーを熱と仕事に変換するエネルギー変換ダイヤグラム（平衡反応）

（4）燃料のエクセルギー率

化学エネルギーを最も多く取り出し得るのが炭化水素の燃焼である。石炭、石油、天然ガスなどは炭素を多く含む炭素系資源で、これを燃料として空気中の酸素と反応させると二酸化炭素と水が生成物となり、多くの燃焼熱を得ることができる。

表6-1に主な燃料のエクセルギー率をまとめた。燃料のエクセルギー率は0.92～0.98であり、石油系燃料で0.94～0.96、石炭がおよそ0.95である。また、水素はエクセルギー率が0.83と他の燃料と比べると小さいことがわかる。これが水素エネルギーの最も重要な特徴である。

大部分の燃料はエクセルギー率が0.9以上と大きい。エクセルギー率は取り出せる最大仕事の割合であるから、燃料から電気仕事を取り出す、すなわち発電で、最大効率はエクセルギー率と等しいはずである。しかし、現在の発電効率はせいぜい50%程度と、低い値にとどまっている。これを正確に理解するためには、化学反応におけるエクセルギー破壊を理解する必要がある。

表6-1 主な化学エネルギーのエクセルギー率

化合物		$-\Delta H°$ [kJ/mol]	$-\Delta G°$ [kJ/mol]	エクセルギー率 ε [-]
グラファイト	C	394	394	1.002
メタン	CH_4	890	818	0.919
エタン	C_2H_6	1560	1467	0.941
プロパン	C_3H_8	2220	2108	0.950
ブタン	C_4H_{10}	2877	2746	0.955
ペンタン	C_5H_{12}	3509	3385	0.965
ヘキサン	C_6H_{14}	4163	4022	0.966
メタノール	CH_3OH	727	702	0.967
エタノール	C_2H_5OH	1367	1325	0.970
エテン	C_2H_4	1411	1331	0.943
ジエチルエーテル	$C_4H_{10}O$	2724	2640	0.969
ベンゼン	C_6H_6	3268	3202	0.980
シクロヘキサン	C_6H_{12}	3920	3816	0.973
水素	H_2	286	237	0.829

（5）化学反応におけるエクセルギー破壊

化学エネルギーは温度および圧力が一定の条件下での可逆平衡反応では、化学エネルギーを反応のギブズエネルギー変化分$(-\Delta G)$を仕事に、$T(-\Delta S)$分を熱に変換することができ、このときエネルギーだけでなくエクセルギーも保存されている。しかし、反応温度$T(T_0<T<T^*)$において、$(-\Delta G)$を仕事として取り出さず、化学エネルギー$(-\Delta H°)$をすべて熱に変換したときのエネルギー変換は、温度T^*の熱を温度Tの熱に変換する熱エネルギー－熱エネルギー変換となり、図6-10の温度－エントロピー線図で表すことができる。ここで反応熱は、顕熱と同様に温度が一定で取り出すことができることに注意して欲しい。

図6-10において、化学エネルギー（温度T^*の熱エネルギー）のエクセルギーおよびアネルギーはそれぞれ、

　エクセルギー　$(-\Delta G°)$：1→2→8→0で囲まれた面積

　アネルギー　　$T_0(-\Delta S°)$：0→8→3→4で囲まれた面積

で表され、一方、温度Tの熱エネルギーのエクセルギーおよびアネルギーはそれぞれ、

　エクセルギー　：5→6→9→0で囲まれた面積

　アネルギー　　：0→9→7→4で囲まれた面積

で表される。

エネルギーは保存されているため、1→2→3→4で囲まれた面積と5→6→7→4で囲まれた面積は等しい。したがって、このエネルギー変換で、エントロピーが生成(S_{gen})し、アネルギーが8→9→7→3で囲まれた面積だけ増加している。このアネルギーの増分は、化学エネルギーのエクセルギーが転化したもので、これが（2）式で表されるエクセルギー破壊である。

したがって、化学エネルギー→熱エネルギー変換において、熱→熱、

仕事→熱のエネルギー変換と同様に、エネルギー変換の過程でエクセルギー破壊が起こり、エクセルギーがアネルギーに転化している。エクセルギー破壊がない場合の T-S 線図（図6-8）と比較するとその違いがよくわかる。この化学エネルギー→熱エネルギー変換をエネルギー変換ダイヤグラムで表したのが図6-11であり、エネルギー保存則とエネルギー変換方程式は次のようになる。

$$T^*(-\Delta S) = T(-\Delta S + S_{gen}) \tag{16}$$

$$((T^* - T_0)(-\Delta S), T_0(-\Delta S)) \triangleright$$
（化学エネルギー）

$$((T - T_0)(-\Delta S + S_{gen}), T_0(-\Delta S + S_{gen})) \tag{17}$$
（温度 T の熱エネルギー）

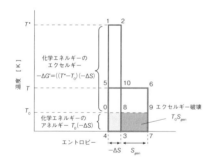

図6-10　化学エネルギー→熱エネルギー変換の T-S 線図

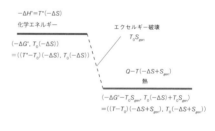

図6-11　化学エネルギー→熱エネルギー変換のエネルギー変換ダイヤグラム

4. エネルギー変換

　一般的に、エネルギー変換は、図6-12のように4つの基本的パターンに分類できる。あらゆるエネルギー変換は、これらの組み合わせである。ここで、エネルギー量はエクセルギーとアネルギーの和でエネルギー変換では保存則より一定である。仕事、機械エネルギーの場合は、アネルギーはゼロである。

1) I 型（加熱炉・ボイラー型）

　一般に、エクセルギー率の高いエネルギーをエクセルギー率がより低いエネルギーに変換した場合は、エクセルギー破壊が起こる。主なエクセルギー破壊は、燃焼（化学エネルギー→熱エネルギー変換）、伝熱（熱エネルギー→熱エネルギー変換）がある。エネルギー変換方程式は、

$$(Ex, An) \triangleright (Ex - T_0 S_{gen}, An + T_0 S_{gen}) \tag{18}$$

となり、エントロピー生成によりエクセルギー破壊が起こり、エクセルギーの一部がアネルギーに転化する。

2) II 型（モーター・発電機型）

　エクセルギー率が同じエネルギー形態に変換する場合。エクセルギー損失はない。モーターのような電気エネルギーから機械エネルギーへのエネルギー変換、転換温度で発熱反応の反応熱を取り出す場合の化学エネルギー→熱エネルギー変換などがこの型である。

3) III 型（熱機関型）

　あるエクセルギー率のエネルギーを、それよりエクセルギー率が高いエネルギーと低いエネルギーに分割する。エネルギーおよびエクセルギーはともに保存されており、エクセルギー破壊はない。エネルギーと

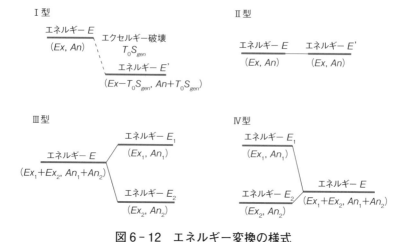

図6-12 エネルギー変換の様式

エクセルギーはともに保存されており、したがってアネルギーも保存されている。一般にエクセルギー率が低いエネルギーは廃棄エネルギーとなる。熱エネルギーを仕事とより低温の熱に変換する熱機関や、理想的燃料電池などがある。このエネルギー変換方程式は以下のようになる。

$$(Ex_1 + Ex_2, An_1 + An_2) \equiv (Ex_1, An_1) + (Ex_2, An_2) \qquad (19)$$

4）Ⅳ型（ヒートポンプ型）

　エクセルギー率が高いエネルギーと低いエネルギーを合わせて中位のエクセルギー率のエネルギーに変換する。この場合も、エネルギーはもちろんエクセルギーは保存されており、エクセルギー破壊はない。この場合、エクセルギー率の低いエネルギーがより高いエクセルギー率のエネルギーに変換されており、エネルギーの質が向上している。これをエクセルギー再生という。このエネルギー変換方程式は次式となる。

$$(Ex_1, An_1) + (Ex_2, An_2) \equiv (Ex_1 + Ex_2, An_1 + An_2) \qquad (20)$$

このように、エネルギー変換でエクセルギー破壊が起こるのは、Ⅰ型のエネルギー変換のみであり、Ⅱ〜Ⅳ型のエネルギー変換では、エクセルギー破壊は、摩擦や抵抗などの不可逆性要因によるものを除いて起こらない。

また、Ⅰ型以外のエネルギー変換を組み合わせることで、必要とする仕事、熱あるいは化学エネルギーを、エクセルギー破壊なく相互変換が可能である。さらに、Ⅳ型エネルギー変換では、エクセルギー率の低いエネルギーをより高いエクセルギー率のエネルギーにエクセルギー再生させることができる。これによって、燃焼によるエクセルギー破壊を低減することができる。

5. エネルギー利用体系におけるエクセルギー破壊

(1) エネルギー利用体系

現在のエネルギー体系を(図6-13　口絵)に示した。まずエネルギー生産(変換)システムで、石油、石炭、天然ガスといった化石資源を燃焼して熱を発生させる。この熱を直接利用するか、熱機関を用いて熱から仕事を取り出し動力として利用している。すなわち、エネルギー生産(変換)システムでは、化学エネルギーが熱または仕事に変換され、エネルギー利用システムで利用される。エネルギー利用システムは、(a)熱利用、(b)動力・電力利用、(c)物質生産、の3つに大別することができる。

図6-14に、それぞれのエネルギー変換ダイヤグラムを示した。

1）エネルギー熱利用システム

従来のエネルギーの熱利用は、燃料を燃焼させ熱を発生させ、これを、熱を必要とするところに伝熱させて利用する燃焼・加熱である。燃焼および伝熱過程とも、Ⅰ型のエネルギー変換で、大きなエクセルギー破壊が起こる。

2）エネルギー動力・電力利用システム

燃料を燃焼し熱を発生させ、熱機関により熱エネルギーを機械エネルギーに変換し動力を得る。さらに発電機により電気エネルギーに変換される。動力・電力利用においても、熱利用と同様に大部分のエクセルギー破壊は燃焼過程で起こっている。それに対して熱機関や発電機でのエクセルギー破壊は無視できるくらい小さい。

3）物質生産（吸熱反応）システム

エネルギー利用として物質生産（吸熱反応）でも多くのエネルギーが消費されている。燃料を燃焼させて熱を発生させ、吸熱反応に供給する。反応は平衡的に進めることができれば、エクセルギー破壊はない。燃料を燃焼させて反応熱として供給することで大きなエクセルギー破壊が発生している。

すべて初めに燃焼により熱エネルギーに変換する過程が含まれる。燃焼は典型的な不可逆過程であり、ここで大きなエクセルギー破壊が発生しているのである。すなわち、石油、石炭、天然ガスという化石エネルギー資源をまず燃焼させて熱エネルギーに変換するという我々のエネルギー利用技術には、燃焼過程でエクセルギーをむだに消失するという本質的な欠陥があるのである。

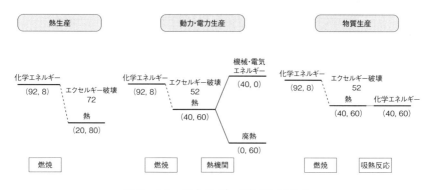

図6-14　エネルギー利用システム

7 | エネルギーの熱利用

堤　敦司

《目標＆ポイント》　熱利用では、熱発生システムで燃焼および伝熱によるエクセルギー破壊が起こるが、熱利用システムではエネルギーはもちろんエクセルギーも保存されている。したがって、省エネを図るには、熱発生システムにおけるエクセルギー破壊の低減と熱利用システムにおける熱の循環利用が重要となる。熱回収・カスケード利用、自己熱再生熱循環などを学習する。
《キーワード》　熱回収カスケード利用、エネルギーインテグレーション、ピンチテクノロジー、コジェネレーション、エクセルギー再生、燃焼、ヒートポンプ、コプロダクション、自己熱再生

1. エネルギーの熱利用

　エネルギー利用は、熱利用、動力利用、物質生産の3つに大別できる。エネルギーの熱利用は、加熱、焼成、暖房など用途が多く、エネルギー消費のおよそ半分が熱利用と考えられる。また、熱利用だけでなく、動力利用でも、エンジン、タービンなどの熱機関を利用して、熱から動力を得ている。また、物質生産でも、プロセスの加熱や反応熱の供給に熱を必要とする。したがって、いかに熱を有効に利用するかを考えることは、省エネルギー技術の中でも最も重要な課題である。

　図7-1に、熱エネルギーの利用についてまとめた。熱発生システムでは一般には、燃料の燃焼によって熱を発生させる。まず、天然ガス、石油、石炭などの化石資源から生産した燃料（気体燃料、液体燃料、固

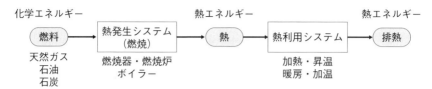

図7-1 熱エネルギー利用体系

体燃料)を空気とともに燃焼器で燃焼させて、燃焼熱を発生させる。発生させた熱は、熱交換器を介して熱利用システムに直接供給し利用する場合と、ボイラーで水蒸気や温水を生産し、それを供給することで水の潜熱・顕熱を利用する場合とがある。

このエネルギーの熱利用について、エネルギーと物質の流れに着目して整理したものを図7-2に示す。実線が物質の流れを、点線がエネ

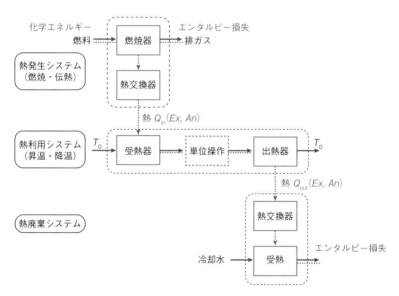

図7-2 エネルギー熱利用におけるエネルギーの流れ

ギーの流れを表している。燃料を燃焼させることで、燃料のもつ化学エネルギーが熱エネルギーに変換され、熱交換器を介して熱利用システムに取り込まれる。この時発生した熱はすべて伝熱できるのではなく、一部の熱は燃焼排ガスとして捨てざるを得ない。これをエンタルピー損失という。ここで、燃焼のエンタルピー損失を無視して、熱利用システムのエネルギーの流れを考える。エネルギーは保存されているため、熱利用システムに取り込まれた熱 Q_{in} とまったく同じエネルギー量の熱 Q_{out} を系から捨てる必要がある。

次に、図7-3に、具体例として熱発生システムで天然ガス燃料（エクセルギー率92%）を燃焼させて温度が約400℃の熱（エクセルギー率35%）に変換し、それを、熱交換器を介して、空気を温度が90℃（エクセルギー率25%）まで加熱するのに利用した場合のエネルギー変換ダイヤグラムを示した。エネルギー量は100 kJとし、（エクセルギー，アネルギー）の形で表している。熱利用システムでは90℃の熱が取り込まれ、内部エネルギーに変換された後、同じ温度90℃、同じエネルギー量の熱が捨てられるため、エンタルピー損失はもちろんエクセルギー破壊もないことがわかる。すなわち、熱利用システムでは取り込んだ熱をそのまま使い捨てているだけなのである。これに対して、熱発生システムでは、燃焼と伝熱過程で、エクセルギー破壊がそれぞれ57 kJおよび25 kJも起こっており、元の化学エネルギーのエクセルギー92 kJのほぼ9割が破壊され、アネルギーに転化している。

以上より、エネルギー熱利用において、省エネルギー・エネルギーの有効利用を図るためには次の2つの課題が重要となる。
1）熱発生システムにおける燃焼と伝熱によるエクセルギー破壊の低減
2）熱利用システムにおける熱の循環利用

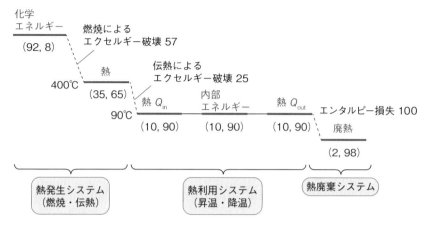

図7-3 熱発生―熱利用―熱廃棄システムにおけるエネルギー変換ダイヤグラム

2. 熱発生システムにおけるエクセルギー破壊の低減

　利用する熱のエクセルギー率は化学エネルギーのエクセルギー率と比べて小さく、直接、化学エネルギー→熱エネルギー変換（燃焼）を行うと、大きなエクセルギー破壊が起こってしまう。この熱発生システムにおけるエクセルギー破壊を低減するのに、表7-1のような技術がある。

表7-1　熱発生システムにおけるエクセルギー破壊の低減化技術

燃焼のエクセルギー破壊を低減する技術	高温燃焼（コジェネレーション）
	エクセルギー再生燃焼
燃焼によらない熱発生技術	ヒートポンプ
	反応熱利用（コプロダクション）
	燃料電池

(1) 燃焼のエクセルギー破壊の低減

図7-3から、熱発生システムでは、主に燃焼（化学エネルギー→熱エネルギー変換）および伝熱（熱エネルギー→熱エネルギー変換）によりエクセルギー破壊が起こっていることがわかる。特に、燃焼では大きなエクセルギー破壊が起こる。この燃焼におけるエクセルギー破壊は、燃焼前後のエクセルギー率の差を小さくすることで低減できる。

図7-4に、燃料として天然ガス（エクセルギー率0.92）100 kJを600℃および1500℃で燃焼させた場合の化学エネルギー→熱エネルギー変換ダイヤグラムを示した。600℃および1500℃の燃焼排ガスのエクセルギー率はそれぞれ0.45および0.65であるから、エクセルギー破壊はそれぞれ47および27となり、高温で燃焼した方が燃焼前後のエクセルギー率の差が小さくなるため、エクセルギー破壊を低減できることがわかる。

燃焼におけるエクセルギー破壊を低減する方法として、より高温で燃焼させる方法の他に、燃料をよりエクセルギー率の小さい水素に転換して水素を燃焼させる方法がある。これは改質燃焼、水素燃焼あるいはエ

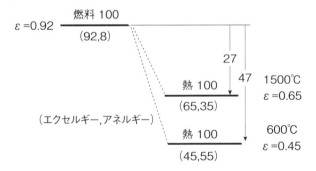

図7-4　高温燃焼によるエクセルギー破壊の低減

クセルギー再生燃焼と呼ばれるもので、化石燃料から水素を製造する場合、吸熱反応となり、水素がエクセルギー率が83%と燃料の中で最も小さいことより、燃焼におけるエクセルギー破壊を大きく低減することができる。

　この高温燃焼およびエクセルギー再生燃焼によるエクセルギー破壊の低減法は、熱機関で仕事を取り出して利用するエネルギー変換・動力・電力利用システムでは非常に有効だが（詳細は8章「高効率発電技術」を参照）、熱利用システムでは必要な熱の温度が決まっているため、熱発生システムで燃焼温度を高温化して燃焼のエクセルギー破壊を低減しても、伝熱の温度差が大きくなり伝熱のエクセルギー破壊が増加するだけで、全体のエクセルギー破壊は変わらない。

　熱利用システムにおいて、燃焼の高温化によるエクセルギー破壊の低減の原理をうまく活用する方法として、コジェネレーションがある。

(2) コジェネレーション

　燃料を燃焼させて熱を発生させて供給するのではなく、まず熱機関などで動力・電力を得ると同時に、排熱を利用して蒸気や温水などの熱エネルギーを得るシステムがコジェネレーションで、熱と電力を同時に供給するため熱電併給ともいわれる。

　図7-5に、エクセルギー率が10%の熱を供給するのに、燃焼・加熱とコジェネレーションで行った場合のエネルギー変換ダイヤグラムを示した。コジェネレーションは、同じ熱を得るのに燃料を50追加し、電気を50得ているのがわかる。コジェネレーションの省エネルギー性は、より高温で燃焼させることにより燃焼におけるエクセルギー破壊を低減していることにある。

　コジェネレーションにおける発電装置として、ガスタービン、ガスエ

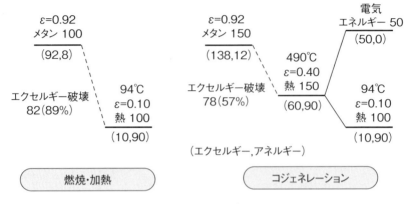

図7-5 燃焼・加熱とコジェネレーション

ンジン、ディーゼルエンジンなどの熱機関の他に、燃料電池も用いられる。また、従来のボイラーと蒸気タービンの組み合わせも、熱電併給が可能であり、これもコジェネレーションに含められている。用いられる発電装置によって、発電効率および得られる熱量が違うとともに、得られる熱の温度も異なる。熱供給において、ヒートポンプで冷熱も発生させ冷水を供給するコジェネレーションもある。また、家庭用燃料電池コジェネレーションなど民生用と、ガスタービン-排熱回収ボイラーのような大規模な産業用がある。

　コジェネレーションは、発電効率と排熱利用率の和を総合効率として評価する場合が多い。このとき熱と電気の割合を熱電比という。熱電供給と電力・熱需要が量的に、または時間的に合わない場合は、蓄エネルギーシステムがない限りエネルギーのむだになる。

(3) 燃焼によらない熱発生システム
1) ヒートポンプ

ヒートポンプの原理を理解するために、可逆ヒートポンプガスサイクルのモジュール化表現、圧力(P)－体積(V)線図および温度(T)－エントロピー(S)線図、エネルギー変換ダイヤグラムをそれぞれ図7-6、7および8に示した。

まず常温、常圧のガスに温度 T_1 の熱 $Q_L(Ex_1, T_0\Delta S)$ を熱レシーバー(HR)により取り込み、仕事レシーバー(WR)で断熱圧縮（等エントロピー過程）すると温度が T_2 まで上昇する。次に熱 $Q_H(Ex_3, T_0\Delta S)$（図7-7(b)で3→2→4→5で囲まれた面積に相当）を熱トランスミッター(HT)で系外に取り出す。そして膨張機(WT)で圧力仕事 $W_{out}(Ex_3, 0)$ を回収する。図7-8のエネルギー変換ダイヤグラムに示したように、このヒートポンプガスサイクルで、低温熱源から取り込んだ熱 Q_L と正味の入力仕事 $W = W_{in} - W_{out}$ から、高温の熱 Q_H を取り出している。このエネルギー変換のエネルギー変換方程式は(1)式で表され、エネルギーはもちろんエクセルギーも保存されており、エクセルギー破壊がないことがわかる。

$$(Ex_2 - Ex_4, 0) + (Ex_1, T_0\Delta S) \equiv (Ex_1 + Ex_2 - Ex_4, T_0\Delta S) \tag{1}$$

ヒートポンプサイクルは熱機関サイクルを反時計回りに逆転させた逆サイクルであり、熱機関サイクルのエネルギー変換が、

（高温の熱）→（仕事）+（低温の熱）

に対して、ヒートポンプサイクルのエネルギー変換は、

（低温の熱）+（仕事）→（高温の熱）

と逆変換になる。

ヒートポンプの多くは、フロン類など気液相変化をともなう作動流体

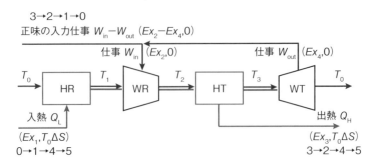

図7-6 ヒートポンプガスサイクルのモジュール化表現

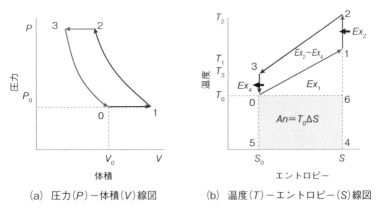

(a) 圧力(P)－体積(V)線図 (b) 温度(T)－エントロピー(S)線図

図7-7 ヒートポンプガスサイクルの圧力(P)－体積(V)線図および温度(T)－エントロピー(S)線図

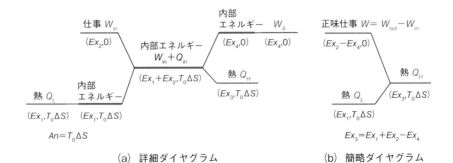

(a) 詳細ダイヤグラム (b) 簡略ダイヤグラム

図7-8 ヒートポンプガスサイクルのエネルギー変換ダイヤグラム

を用いて潜熱を利用する逆ランキンサイクルが用いられる。

ヒートポンプで得られた高温熱 Q_H と投入した仕事の比

$$COP = \frac{Q_H}{W} \tag{2}$$

を成績係数といって、ヒートポンプの性能の評価指標に用いられる。大きいほど性能は良くなるが、熱機関の熱効率と違って1以上の値も取り得ることに注意して欲しい。

ヒートポンプは低温廃熱や未利用熱エネルギーに仕事を加えて、より高温の熱を取り出すシステムで、理想的にはエクセルギー破壊はない。したがって、大きなエクセルギー破壊をともなう燃焼・加熱よりもヒートポンプによる加熱の方が、エネルギー有効利用となる。

2）コプロダクション

物質生産において吸熱反応と発熱反応とがあるが、従来は、吸熱反応に必要な反応熱を、燃料を燃焼させて熱を発生させ供給する一方、発熱反応の反応熱は冷却廃熱として捨てられてきた。吸熱反応への反応熱供給は燃焼によるものであるから、大きなエクセルギー破壊が発生している。発熱反応の反応熱もエクセルギー分は動力・電力として取り出せるはずなのに、みすみす捨てている。そこで、発熱反応の反応熱あるいは燃料電池や熱機関の排熱を吸熱反応の反応熱として供給すれば、燃焼によるエクセルギー破壊の大幅な低減になる。これが、物質とエネルギーの併産（コプロダクション）の概念である。コプロダクションの原理を図7-9に示した。コプロダクションは燃焼をともなわないため、燃焼によるエクセルギー破壊をなくすことができる。

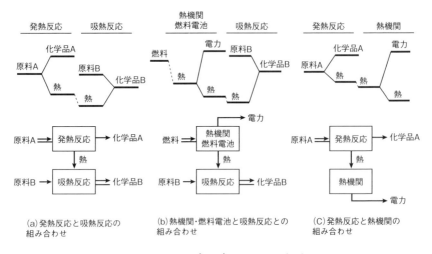

図7-9 コプロダクションの概念

3) 燃料電池

燃料電池は、水素と酸素を直接反応（燃焼）させるのではなく、アノード反応とカソード反応の2つの電気化学反応に分割して反応させる。電気化学反応は、理想的には可逆的に進行させることができるため、反応のエンタルピー変化（$-\Delta H$）のうち、反応のギブズエネルギー変化（$-\Delta G$）を仕事として、（$-T\Delta S$）を熱として取り出すことができる。

図7-10に、実際の固体酸化物形燃料電池（SOFC）のエネルギー変換ダイヤグラムを示す。発電効率（エンタルピー効率）は55%と複合サイクル発電と同程度であるが、利用可能な排熱は温度が900℃と高く（エクセルギー率は0.55）、アネルギーは20.7で水素のアネルギーより3.7しか増えていない。これがエクセルギー破壊であるから、SOFCはエクセルギー破壊が非常に小さい（エクセルギー効率96%）ことがわかる。

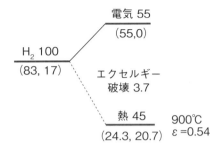

図7-10 SOFCのエネルギー変換ダイヤグラム

3. 熱利用システムによる熱の循環利用

(1) 熱利用システムの省エネルギー化の原理

図7-2に示したように、熱交換モジュールで伝熱のエクセルギー破壊が起こっているだけで、熱利用システムではエネルギーはもちろんエクセルギーも保存されている。したがって、熱利用システムの省エネルギー化は、そもそもエクセルギー破壊がないため、熱発生システムのようなエクセルギー破壊を低減する努力は無意味であり、必要な熱のエネルギー量そのものを低減することである。

熱は高温側から低温側にしか移動できないので、熱利用システムに熱を入れるためにはより高温の熱を供給するとともに熱を取り出すときはより低い温度の熱としてしか取り出せない。そのため、取り出した熱を再利用することができず、そのまま熱を使い捨てているのである。

そこで、熱利用システムから回収した熱を、再利用することが考えられた。これには、熱を回収し、より低い温度の熱として再利用する熱回収・カスケード利用と、熱に仕事を加えて昇温し（エクセルギー再生）循環利用する自己熱再生とがある。

(2) カスケード利用
1) 熱回収・カスケード利用

燃焼・加熱では、燃焼において大きなエクセルギー損失が発生するとともに、熱は一度生成すると、同じ温度の熱としては再利用できない。そのため、生成した熱エネルギーはすべて廃熱として捨てられている。しかし、温度が比較的高い場合、それより低い温度の熱としては利用することができる。これが排熱回収－カスケード利用である。

最も簡単な熱回収は、プロセスからの流出流体と流入流体を熱交換し、排熱をプロセス流体自身の予熱に使う自己熱回収である。熱交換に必要な最小熱交換温度差 $\Delta T_{\min}$ まで、熱エネルギーは回収再利用できる。図7-11に、ブタンガスを加熱炉で300 Kから400 Kまで加熱し、自己熱交換して熱回収した場合の $T\text{-}Q$ 線図を示している。自己熱回収により89% もの熱エネルギーを削減できることがわかる。図7-12には、ベンゼンを自己熱交換で熱回収した場合の $T\text{-}Q$ 線図を示した。ベンゼン

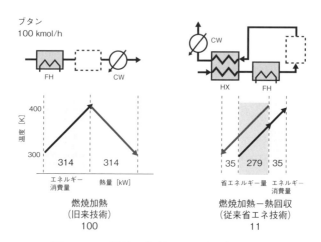

図7-11 燃焼・加熱と熱回収（ガス系）

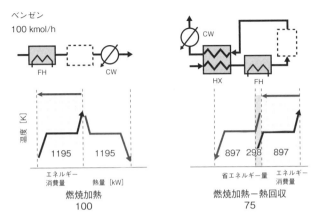

図7-12 燃焼・加熱と熱回収(蒸気系)

は昇温途中で蒸発し、温度が一定となっている。この蒸発潜熱は凝縮するときに同量の熱を回収できるが、沸点と凝縮点が同じ温度であるために、凝縮潜熱は沸騰潜熱には再利用できない。このため、熱エネルギーのうち、回収再利用できるのは25%に過ぎない。

2) 熱のカスケード利用

排熱回収は、自己熱回収だけでなく、排熱をそれより低い温度の熱として他のプロセスで再利用することができる。このように熱エネルギーを高温から低温まで順次利用していくのを熱エネルギーのカスケード利用という。

図7-13に3つのプロセスで、個別に熱を供給し捨てていたのを、高温での排熱を、より低い温度のプロセス流体の加熱に順次用いたカスケード利用を示す。3つのプロセスで合わせて熱($Q_1+Q_2+Q_3$)が必要だが、高温の排熱をより低い温度のプロセス加熱に利用することによって、熱Q_1のみを加えるだけでよく、大幅なエネルギーの削減ができる。ただし、温度が$T_H>T_M>T_L$で、熱量は$Q_H>Q_M>Q_L$でなければならない。

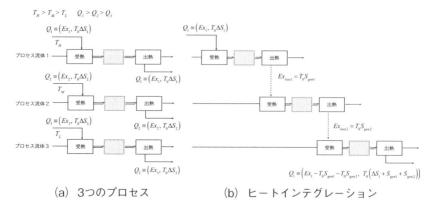

(a) 3つのプロセス　　(b) ヒートインテグレーション

図7-13　熱のカスケード利用

3) ピンチテクノロジー

　化学プラント等、種々の排熱が存在する場合、排熱回収－カスケード利用を合理的に行う手法としてピンチテクノロジーがある。プロセスシステム中に混在する、冷却を要する流体と、加熱を要する流体を、与熱流体と受熱流体に分類して、複数の与熱流体に対して、同じ温度区分の熱量を統合して与熱複合線が得られる。同様に複数の受熱流体からなる受熱複合線が得られる。これらを重ね合わせて熱複合線図を作成することができる。与・受熱複合線を、熱量軸に沿ってピンチポイント（与熱・受熱複合線の温度差が熱交換に必要な最小温度差となった点）が現れるまでずらすことによって、プロセス流体間の最大熱交換量を求めることができる（図7-14）。

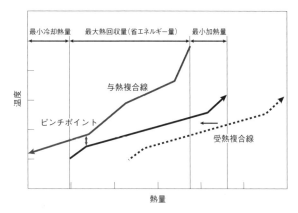

図7-14　ピンチテクノロジーにおける熱複合線の概念図

4）多重効用法

多重効用法とは、蒸発操作などで複数の蒸発缶を用意し、蒸発によって発生した蒸気を、より低温・低圧で操作している次の缶の蒸発に順次利用する方法（図7-15）で、蒸発潜熱を回収再利用することで省エネルギー化を図るものである。熱のカスケード利用の1つである。n回繰り返すものをn重効用と呼び、必要な潜熱をほぼ$1/n$とすることができる。蒸発缶、濃縮缶、蒸留塔などで用いられる。

5）蒸気再圧縮法

蒸気再圧縮法とは、蒸発した蒸気を圧縮することで、より高温で蒸気を凝縮させ凝縮潜熱を蒸発潜熱に再利用する自己潜熱回収―再利用の方法である（図7-16）。蒸気再圧縮法は、次に述べる自己熱再生で潜熱を循環利用しているが、顕熱は熱回収に依っている。

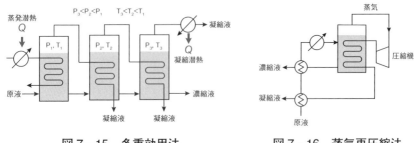

図7-15 多重効用法　　　図7-16 蒸気再圧縮法

(3) 自己熱再生

1) 熱を完全循環させるためには

　熱利用（昇温・降温）システムでは、投入した熱をそのまま同じ温度の熱として排出しており、エネルギーはもちろんエクセルギーも保存されている。そこで、排出した熱を回収し、再利用することができれば大幅な省エネルギーとなる（図7-17）。

　熱は高温側から低温側にしか伝わらないため、熱を完全に循環利用するためには、排出する熱の温度を、投入した熱の温度 T より、伝熱に必要な温度差 ΔT だけ高くしてやればよい。これには、温度 $(T+\Delta T)$ の熱を追加する方法（自己熱回収）とプロセス流体（ガスまたは蒸気）を断熱圧縮して温度を ΔT だけ高くする方法（自己熱再生）がある。図

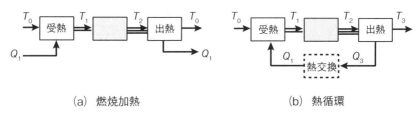

(a) 燃焼加熱　　　　　　　(b) 熱循環

図7-17 燃焼加熱と熱循環システム

7-2および図7-3で説明したように、自己熱回収はガスまたは液系ではかなりの省エネが見込めるが、蒸気系では同じ温度の凝縮潜熱を蒸発潜熱に利用できないため、省エネ効果は小さい。自己熱再生は、潜熱・顕熱すべての熱エネルギーを完全に循環再利用することができ、大幅な省エネとなる。

2）自己熱再生の原理

図7-18、7-19および7-20、最も単純なガス系の自己熱再生および自己熱回収熱循環システムを比較するために、それぞれのモジュール化表現、T-S線図およびエネルギー変換ダイヤグラムを示した。

自己熱回収および自己熱再生熱循環システムは、ともにT-S線図で$0 \rightarrow 1 \rightarrow 6 \rightarrow 4$で囲まれた面積で表される熱$Q_1(Ex, An)$が循環利用されている。自己熱回収の場合は、温度$T+\Delta T$の熱$Q_{in}(Ex_4, An_4)$を加えて、温度を熱交換できる$T+\Delta T$まで高めて、熱交換モジュールを介して、自己熱を循環させている。自己熱再生の場合は、熱を加える代わりに断熱圧縮仕事W_2を加え温度を$T+\Delta T$まで高めて自己熱を循環させている。このとき、熱交換した後、膨張タービンで動力回収し、加えた正味の仕事は$W_2 - W_4$で$(Ex_1, 0)$である。

自己熱回収および自己熱再生熱循環システムで、エクセルギー破壊が起こるのは熱交換モジュールで温度$T+\Delta T$の熱Q_3が温度Tの熱Q_1に伝熱される熱エネルギー–熱エネルギー変換のみであり、エクセルギー破壊$T_0 S_{gen}$は、T-S線図で$0 \rightarrow 4 \rightarrow 5 \rightarrow 8$で囲まれた面積で表され、廃熱$Q_{waste}$のアネルギー$An_2$である。したがって、自己熱を循環させるために必要な最小仕事W_{min}は、T-S線図で$1 \rightarrow 2 \rightarrow 3 \rightarrow 10$で囲まれた面積で表される$(Ex_1, 0)$である。この仕事$W_{min}(Ex_1, 0)$は、伝熱によるエクセルギー破壊を補償するために用いられ、廃熱$Q_{waste}(Ex_2, An_2)$として捨てられる。よって自己熱再生熱循環システムのエネルギー変換

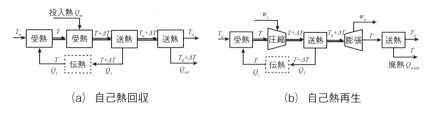

(a) 自己熱回収　　(b) 自己熱再生

図7-18　熱循環システムのモジュール化表現

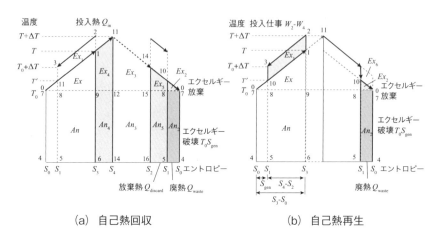

(a) 自己熱回収　　(b) 自己熱再生

図7-19　熱循環システムの温度(T)－エントロピー(S)線図

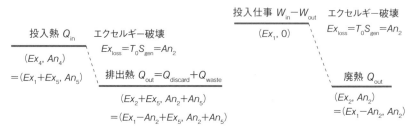

(a) 自己熱回収　　(b) 自己熱再生

図7-20　熱循環システムのエネルギー変換ダイヤグラム

は図7-20(b)で示したように表され、エネルギー変換方程式は次式のようになる。

$$W_{\min} = Q_{\text{waste}} \tag{3}$$
$$(Ex_1, 0) \triangleright (Ex_1 - T_0 S_{\text{gen}}, T_0 S_{\text{gen}}) \tag{4}$$

自己熱回収熱循環システムも自己熱を循環させるために必要な最小仕事 $W_{\min}$ は自己熱再生の場合と同じく $W_{\min} = (Ex_1, 0)$ であり、これを熱 Q_{in} で与えているのである。したがって投入熱 Q_{in} は $W_{\min}$ と放棄される熱 $Q_{\text{discard}} = (Ex_5, An_5)$ との和であり、エネルギー保存式およびエネルギー変換方程式は次式のようになる。

$$Q_{\text{in}} = W_{\min} + Q_{\text{discard}} = Q_{\text{waste}} + Q_{\text{discard}} \tag{5}$$
$$(Ex_4, An_4) \equiv (Ex_1, 0) + (Ex_5, An_5) \triangleright$$
$$(Ex_1 - T_0 S_{\text{gen}}, T_0 S_{\text{gen}}) + (Ex_5, An_5) \tag{6}$$

表7-2に、自己熱回収および自己熱再生熱循環システムにおいて熱 Q を循環利用するために必要なエネルギー（投入エネルギー。すなわちエネルギー消費量）とエクセルギー破壊を、熱 Q を与えてそれをそのまま捨てる加熱・冷却システムと比較した。熱を使い捨てする加熱・冷

表7-2　熱循環利用システムの比較

	加熱・冷却	自己熱回収	自己熱再生
投入エネルギー	Q (Ex, An)	$W_{\min} + Q_{\text{discard}}$ $(Ex_1, 0) + (Ex_5, An_5)$	$W_{\min}$ $(Ex_1, 0)$
排出エネルギー	Q (Ex, An)	$Q_{\text{waste}} + Q_{\text{discard}}$ $(Ex_1 - T_0 S_{\text{gen}}, T_0 S_{\text{gen}}) + (Ex_5, An_5)$	Q_{waste} $(Ex_1 - T_0 S_{\text{gen}}, T_0 S_{\text{gen}})$
エクセルギー破壊	0	$T_0 S_{\text{gen}}$	$T_0 S_{\text{gen}}$
投入エネルギー /Q	100%	10-70%	3-10%

却と比べて、熱循環システムでは大幅に投入エネルギーを削減できることがわかる。

3）自己熱再生と多重効用法および蒸気再圧縮法

多重効用法および蒸気再圧縮法は、熱回収技術の一種であり、すべて回収再利用できないため一部を加熱してやる必要がある。多重効用法では第一缶での顕熱と潜熱を、蒸気再圧縮法では顕熱を加熱によって与えてやる必要がある。これに対して、自己熱再生は、一切加熱することなく、顕熱および潜熱をすべて自己熱再生させ循環利用する。このため、自己熱再生法は多重効用法や蒸気再圧縮法と比べてさらに大幅な省エネルギー化、エネルギー削減となる。

4）自己熱再生の応用

自己熱再生は、すべての熱的単位操作に提供可能であり、これまで、反応プロセス、蒸留プロセス、乾燥プロセス、CO_2化学吸収分離プロセス、海水淡水化、深冷分離空気プラント、など多くの熱的プロセスに適用し、エネルギー消費を1/5～1/10と劇的に低減できることが明らかになっている。また、自己熱再生型バイオエタノール蒸留の実証試験が行われ、実際にエネルギー消費量が85%削減できることが確認された。

4. まとめ

従来のエネルギー熱利用は、化学エネルギーである化石燃料を燃焼させ、熱を発生させて、これを伝熱させて利用する燃焼・加熱が基本であった。しかし、この燃焼過程で大きなエクセルギー破壊が起こり、これが、省エネルギーのネックとなっている。

エネルギー熱利用において、省エネルギー・エネルギーの有効利用を図るためには次の2つの課題が重要となる。

1）熱発生システムにおけるエクセルギー破壊の低減
2）熱利用システムにおける熱の循環利用

　1）には高温燃焼や改質燃焼など燃焼におけるエクセルギー破壊を低減する方法と、ヒートポンプやコプロダクションのように燃焼によらず熱を発生させる方法がある。

　また、2）に関して、従来技術は、熱回収―カスケード利用が基本であり、種々の排熱を合理的にカスケード利用する手法としてピンチテクノロジーが開発されている。また、潜熱回収として、多重効用法や蒸気再圧縮法が開発されている。熱回収―カスケード利用は熱エネルギーを完全に回収し再利用することができないのに対して、ガス、蒸気に圧縮仕事を加え、断熱圧縮により温度を上昇させ、自己熱を完全に循環再利用する自己熱再生技術は、蒸留プロセス、反応プロセス、乾燥プロセスなど多くの熱的プロセスに適用することができ、エネルギー消費を劇的に低減できる。

参考文献・Web サイト

堤　敦司、エネルギー科学・技術のパラダイムシフト：カスケード利用からエクセルギー再生へ、化学工学、77(3), 179-184 (2013)

堤　敦司、エクセルギー再生による革新的省エネルギー技術、日本エネルギー学会誌、91(7), 592-598 (2012)

堤　敦司、コプロダクションによるエネルギー高度有効利用、機械の研究、63(11), 907-914 (2011)

8 | 高効率発電技術

堤　敦司

《目標&ポイント》　熱機関の原理と高効率発電技術について学ぶ。高温燃焼または直接燃焼するのではなく、エクセルギー率が小さい水素に変換して燃焼する改質燃焼によって発電を高効率化できることを理解する。
《キーワード》　熱機関、蒸気タービン、ガスタービン、複合サイクル発電、高温燃焼、エクセルギー再生燃焼、燃料電池、IGCC/IGFC、A-USC

1. エネルギーの動力・電力利用

（1）電力利用の基礎

　発電は、最終的に利用するエネルギーの形態が電気エネルギーであるエネルギー変換技術である。光エネルギーを直接電気エネルギーに変換する太陽光発電や化学エネルギーを電気エネルギーに直接変換する燃料電池発電を除いて、まず、化石エネルギー資源を燃焼し、化学エネルギーを熱エネルギーに変換し、続いて熱機関を用いて熱エネルギーを機械エネルギーに変換し、さらに発電機により電気エネルギーに変換する技術体系が基本となっている（図8-1）。

図8-1　電気エネルギーへのエネルギー変換技術体系

（2）熱機関の原理

　気体を加熱すると体積や圧力が増加する。すなわち、熱によって状態変化が起こる。これを利用してピストンやタービンを動かして仕事を取り出すのが熱機関で、熱エネルギーを機械エネルギーに変換する。

　熱機関に用いられる物質を作動媒体、あるいは流体の場合が多いので作動流体と呼ぶ。作動流体が系外と熱のやり取りを行い、その結果膨張や収縮などの状態変化が起こり、これを利用して仕事を取り出すことができる。また、作動流体が1つの状態から出発していくつかの状態変化を経て最初の状態に戻る一連の過程を（熱力学的）サイクルという。最も基本的な理想的熱機関ガスサイクルのモジュール化表現、圧力(P)-体積(V)線図および温度(T)-エントロピー(S)線図、エネルギー変換ダイヤグラムをそれぞれ図8-2、8-3および8-4に示した。

　まず常温、常圧のガスに仕事 $W_{in}(Ex_1, 0)$ を加えて断熱圧縮（等エントロピー過程）し、温度 T_1、圧力 P_1 とする。次に、高温熱源から作動流体に熱 $Q_H(Ex_2, An_2)$（図8-3(b)で1→2→4→5で囲まれた面積に相当）が与えられ、圧力一定のまま温度が T_2 まで上昇する。そして膨張機で断熱膨張させ仕事 $W_{out}(Ex_3, 0)$ を取り出す。そして最後に断熱膨張により温度が T_3 に下がった熱 Q_L を低温熱源に放出し、作動流体の温度、圧力は常温、常圧に戻る。得られた正味の仕事 $W = W_{out} - W_{in}$ はエネルギー保存則より、

$$W = Q_H + Q_L \tag{1}$$

で与えられる。結局、エネルギー変換ダイヤグラムに示したように、この熱機関サイクルで、高温熱源から取り込んだ熱 Q_H が内部エネルギーを介してエネルギー変換され仕事 W とより低温の熱 Q_L として取り出されている。このエネルギー変換のエネルギー変換方程式は次式で表さ

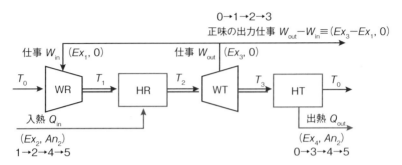

図8-2　熱機関サイクルのモジュール化表現

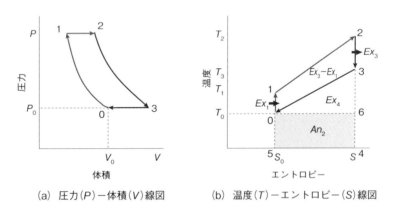

(a) 圧力(P)－体積(V)線図　　(b) 温度(T)－エントロピー(S)線図

図8-3　熱機関サイクルの圧力(P)－体積(V)線図および温度(T)－エントロピー(S)線図

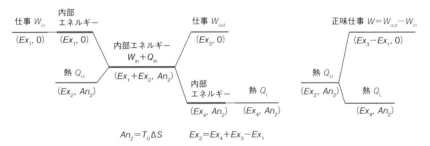

(a) 詳細ダイヤグラム　　(b) 簡略ダイヤグラム

図8-4　熱機関サイクルのエネルギー変換ダイヤグラム

れ、エネルギーはもちろんエクセルギーも保存されており、エクセルギー破壊がないことがわかる。

$$(Ex_2, An_2) \equiv (Ex_2 - Ex_4, 0) + (Ex_4, An_2) \tag{2}$$

また、高温熱源からの熱量 Q_H を用いて仕事 W が得られたのであるからサイクルの熱効率（thermal efficiency）は、

$$\eta = \frac{W}{Q_H} = \frac{Q_H - Q_L}{Q_H} = 1 - \frac{Q_L}{Q_H} \tag{3}$$

として定義することができる。

　熱機関のサイクルには、作動流体が理想気体とみなせる場合と、サイクルの途中で相変化を示し理想気体として取り扱うことができない場合とがある。前者には、ガソリン機関、ディーゼル機関などの内燃機関や、ガスタービン、スターリング機関などのサイクルがあり、ガスサイクルと総称される。また、後者には蒸気機関や蒸気原動所サイクルなどがあり蒸気サイクルと呼ばれる。大容量火力発電では、主に蒸気タービンとガスタービンが用いられている。

（3）蒸気タービン

　燃料の燃焼熱を水蒸気ボイラ内の水に伝えて高圧の水蒸気を発生させ、この水蒸気を作動流体とし、タービンを介して膨張させ動力に変換する熱機関が蒸気タービンである。蒸気タービンの理論サイクルはランキンサイクルと呼ばれ、T-S 線図（図 8-5(c)）のように、受熱過程の一部と放熱過程において相変化を利用しているので、等温変化が実現されており、カルノー・サイクルにより近い形となっている。このため、サイクルの熱効率はカルノー効率に近くなり、比較的低温でも発電効率

は高い。また、低温側はほぼ環境温度近くまで利用することができ、そのため他のサイクルと比較して低温シンクに捨てる熱がもつエクセルギーが非常に少ない（図8-5(b)）。このようにランキンサイクルでは、エクセルギー破壊は小さく、大部分のエクセルギー破壊は燃焼過程で起こっている。

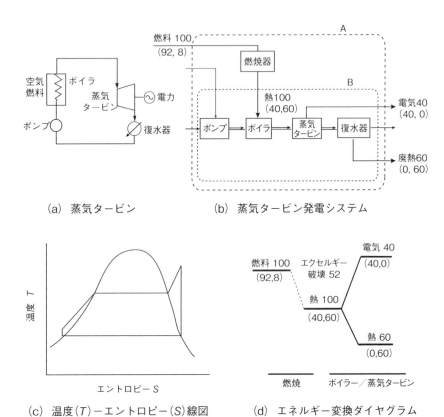

図8-5　蒸気タービン発電システム

(4) ガスタービン

　ガスタービンは燃焼用空気を圧縮して燃焼器に送り込み、そこに燃料を吹き込んで燃焼させる。発生した高温高圧の燃焼ガスでタービンを回転させ動力を得る。ガスタービンの理想サイクルは、ブレイトンサイクル（図8-6(c)）で、排ガスは温度が約500〜600℃と高いまま排出されてしまうため、熱効率は30％前後にとどまっている。ガスタービンでは、燃焼器および第一段動静翼など限られた部分のみを高温化すればよく、蒸気タービンに比べて、高温化が容易であり、現在では約1700℃級のガスタービンの開発が進められている。

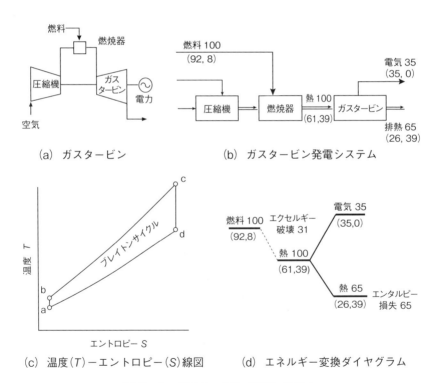

(a) ガスタービン　　(b) ガスタービン発電システム

(c) 温度(T)－エントロピー(S)線図　　(d) エネルギー変換ダイヤグラム

図8-6　ガスタービン発電システム

2. 発電の高効率

(1) 高効率化の原理

発電プロセスにおけるエクセルギー破壊の大部分は、熱を発生させる燃焼過程で起こっている。したがって、発電の高効率化を図るには、燃焼過程でのエクセルギー破壊を如何に低減するかが重要となる。これには、2つの方法、高温燃焼と改質燃焼がある。

図8-7(a)は、天然ガス（エクセルギー率92％）100 kJ を燃焼させて600℃または1500℃の熱を発生させた場合の比較を示している。化学エネルギー100 kJ を600℃の熱（エクセルギー率45％）に変換した場合、エクセルギー破壊は47 kJ であるのに対して、1500℃の熱（エクセルギー率65％）に変換した場合はエクセルギー破壊が27 kJ と大幅に少なくなる。

一方、水素のエクセルギー率は83％と、一般の燃料より小さい。そこで、燃料を直接燃焼するのではなく、改質反応やガス化反応などの吸熱反応により燃料を水素に転換し、水素を燃焼させるのが改質燃焼である。図8-5(b)の例では、エクセルギー破壊を47 kJ から38 kJ に低減できることがわかる。

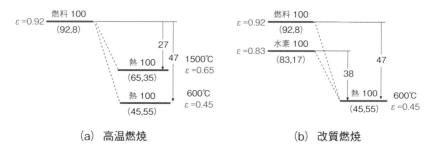

図8-7 燃焼におけるエクセルギー破壊低減

(2) 火力発電の熱効率の変遷
1）汽力発電における蒸気条件の高温・高圧化

　発電では、熱機関のエクセルギー破壊よりも燃焼によるエクセルギー破壊が大きい。したがって、できる限り高温の熱で熱機関を作動させるのが望ましい。発電効率は T-S 線図におけるサイクルの閉曲線の面積で表されるから、発電プラントの高効率化は、サイクル上の最高温度をできるだけ高くし、最低温度をできる限り低くすればよい。

　図 8-8 は火力発電の熱効率の推移を表している。第二次世界大戦後、圧力 4 MPa、450℃の蒸気条件でスタートした我が国の汽力発電は、1956 年に 75 MW 機で 10 MPa、538℃の再熱サイクルが開発され、以降、蒸気タービン入口の蒸気温度を高めることで高効率化が図られてきており、高圧蒸気を過熱する部分の耐熱性により規制され、現在では600℃程度が限度となっている。この条件では、水の臨界点（臨界圧力 22.064 MPa、臨界温度 374.2℃）をはるかに超えるため、超々臨界圧火

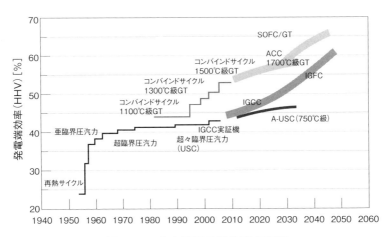

図 8-8　火力発電の熱効率の変遷

力発電(USC)と呼ばれている。この温度の熱エネルギーのエクセルギー率は44%で、発電効率は42～43%が限界となっている。これに対して、近年、材料技術の進展により、700℃以上の蒸気温度を達成できる可能性が見えてきて、これを先進超々臨界圧火力発電（A-USC）といい、開発が進められている。A-USCは、蒸気温度700℃級で46%、750℃級で48%という高い送電端効率が得られると期待されている。

2）ガスタービンのタービン入り口温度の高温化

ガスタービンも、蒸気タービンと同様にタービン入口温度を高めることで、高効率化が進んできており、1600℃級のガスタービンに続いて現在1700℃級のガスタービンの開発が進められている。ダービン翼の冷却技術、高温耐熱材料の開発、NOxの低減技術が主な研究開発課題となっている。

（3）複合サイクル化

1）複合サイクル発電

ガスタービンは、燃料を燃焼器で燃焼させた後すぐに膨張させるため、1600℃までの高温化が可能であったが、排ガス温度も600℃程度と高く、シンプルサイクルでは、排熱を有効に利用できていなかった。そこで、ガスタービン排熱を回収し、蒸気タービンの高温熱源に利用することで高効率化が図られている。このガスタービン（ブレイトンサイクル）と蒸気タービン（ランキンサイクル）を組み合わせた発電を複合サイクル（コンバインドサイクル）発電という。図8-9に示したように、サイクル線図では、ブレイトンサイクルとランキンサイクルが組み合わされており、発電効率は T-S 線図の両方のサイクル線図の囲まれた面積の和で表されるから、各々のタービンの発電効率よりも高い発電効率が期待できる。これは熱エネルギーのカスケード利用法の1つで、ガスタービ

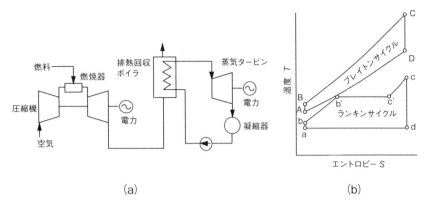

図8-9 複合サイクル発電

ンの排熱を利用して排熱回収ボイラで蒸気を発生させる排熱回収型と、ガスタービンの排気をボイラの燃焼空気として利用する排気再燃焼型があるが、前者が主流になっている。

2）石炭ガス化複合サイクル発電（IGCC）

複合サイクル発電では、ガスタービンの高温腐食を防ぐため、天然ガスが燃料として用いられている。石炭は、安価なエネルギー資源で、一般に石炭を粉砕した微粉炭を空気とともにノズルから噴出させ燃焼させる微粉炭燃焼ボイラと水蒸気タービンで発電する汽力発電が行われており、固体燃料である石炭やバイオマスはガスタービンを利用することができない。そこで、石炭をガス化してクリーンな合成ガスとし、これを燃焼してガスタービン−蒸気タービンの複合サイクル発電を行うのが石炭ガス化複合サイクル発電（IGCC）である（図8-10　口絵）。石炭微粉炭燃焼ボイラと蒸気タービンで発電する石炭火力発電より高い発電効率が得られるとともに、環境汚染物質の排出を大幅に低減できるとして期待されている。

(4) エクセルギー再生

燃焼にともなうエクセルギー損失を低減する方法として、燃料を直接燃焼させるのではなく、水素に変換し、水素を燃焼させる方法がある。これをエクセルギー再生燃焼あるいは改質燃焼という。図8-11(a)および(b)にメタンの直接燃焼とメタンの改質・水素燃焼の場合のエネルギー変換ダイヤグラムをそれぞれ示した。メタン100 kJを直接燃焼してエクセルギー率が0.7の熱を発生させた場合は、エクセルギー破壊が22 kJ/molである。これに対して、改質燃焼では、まずメタンを水蒸気改質し水素に変換する。この反応は吸熱反応で発熱量が28%増える。

$$CH_4 + 2H_2O \rightarrow CO_2 + 4H_2$$

この発熱量128 kJの水素を燃焼させエクセルギー率0.7の熱(エンタルピーは128 kJ、エクセルギーは90 kJ)を発生させると、エクセルギー破壊は、17 kJと低減する。また、改質反応が吸熱反応であるため発熱量は28%増加している。この改質反応-水素燃焼では、低いエクセルギー率の熱エネルギーをそれより高いエクセルギー率の熱エネルギーに

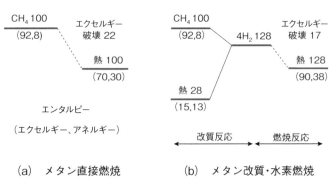

(a) メタン直接燃焼　　(b) メタン改質・水素燃焼

図8-11　エクセルギー再生燃焼のエネルギー変換ダイヤグラム

変換、すなわちエクセルギー再生していることになり、エネルギー有効利用となる。

3. 燃料電池発電

　燃料電池は、化学エネルギーを、熱エネルギーを介さずに、直接電気エネルギーと熱エネルギーに変換するエネルギー変換で、燃焼プロセスをともなわないため、エクセルギー破壊が小さく、高効率発電が期待できる。図8-12に、固体酸化物形燃料電池（SOFC）のエネルギー変換ダイヤグラムを示す。SOFCのエクセルギー破壊が4%に過ぎないことがわかる。ただし、これは燃料電池の排熱を900℃で取り出し利用する場合であり、実際は、より低い温度の熱として取り出すため、エクセルギー破壊はより大きくなる。

　このSOFC発電がエクセルギー破壊が少なく、高温の熱を得られるという特長を活かして、石炭ガス化複合サイクル発電とSOFCを組み合わせた石炭ガス化燃料電池システム（IGFC）の開発も進められている。

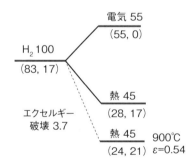

図8-12　固体酸化物形燃料電池（SOFC）のエネルギー変換ダイヤグラム

9 | 再生可能エネルギー

迫田章義

《目標＆ポイント》 低炭素社会の実現に不可欠な再生可能エネルギー全般及びバイオマスリファイナリーの特徴について理解し、これらを利用する発電などを整理する。また、この利用促進に関する課題と、その解決策について考える。
《キーワード》 小水力発電、風力発電、地熱発電、バイオマス発電、太陽熱発電、太陽光発電、EPR、発電効率、発電コスト、バイオマスリファイナリー、バイオ燃料

1. 再生可能エネルギーの特徴

　我が国の主要な一次エネルギーである化石エネルギーは、その消費の段階で二酸化炭素（CO_2）が発生する。これは化石エネルギーは化石燃料（石油、石炭、天然ガスなど）の有する化学エネルギーが本質であり、この化学エネルギーをもつ有機物を燃焼させて水とCO_2に分解することで化学エネルギーを燃焼熱として取り出すことから、CO_2の発生は原理的に避けられない。第3章と第4章などに述べられているように、この化石燃料由来のCO_2を大気中に排出することは、大気中のCO_2濃度を上昇させ、このことが地球の温暖化につながるともいわれている。そこで、このCO_2の排出を極力削減するために、化石エネルギーから再生可能エネルギーへ移行することに注目されている。また、我が国においては東日本大震災・原発事故を機に、海外から輸入する化石エネルギー

から大規模集中型で電気や燃料を生産し（大量生産）、国内の津々浦々に供給し（長距離輸送）、大量に消費・廃棄する（大量消費）仕組みを見直して、国内で調達可能な小規模分散型の再生可能エネルギーへの依存度を徐々にでも向上させて、CO_2 の排出を削減しつつエネルギー自給率を大きくすることに一層注目されるようになったといえよう。

　では、再生可能エネルギーとはどのようなエネルギーであろうか。実は、「再生可能（renewable）」という用語は誤解を招いているかもしれない。どのような形態のエネルギーが、どのような方法でどのような経路で使われても、最終的には低レベルの熱エネルギーとなって系外へ放出されるわけで、エネルギーは生成も消滅も再生もしない。再生可能エネルギーは自然現象から通常の利用方法では半永久的に無尽蔵に供給されるエネルギーであって、エネルギーが使用された結果として生じた低レベルの熱エネルギーは一方的に系外に放出されているものの、そのエネルギーはいくら使ってもなくならないので見掛け上は使用後に生成した熱エネルギーが運動エネルギーや電気エネルギーという利用可能な状態に戻っているかのように見えるだけに過ぎない。つまり、再生可能エネルギーの利用は真にエネルギーが再生されて繰返し利用されるのではない。

　このような再生可能エネルギーの利用方法を表9-1に示した。すべての再生可能エネルギーは発電に利用され、その場合のエネルギーの流れを図9-1に示した。例えば、水力発電においては、川の上流や丘の上の溜め池など高いところにある水は力学（的）エネルギーのひとつである位置エネルギーをもっている。このような位置にある水は重力により自然に低いところへと落下・流下することで運動エネルギーをもった水流となる。この水流はタービンの運動エネルギーとなり、さらにそれが発電機を駆動して電気エネルギーとなる（発電）。低いところにたど

り着いた水は、さらに河川を経て海洋へと自然に流下し、この過程において太陽エネルギー（光エネルギー）を受けて蒸発し、やがて雲となり降雨となって落下し、一部は再び高いところの水となる。すなわち、この例の水力発電とは、太陽エネルギーによって引き起こされる水の大循環という自然現象の中に、我々の知恵と技術で生み出した設備（水車、発電機など）を巧みに組込んでエネルギーを獲得しているわけである。したがって、通常の利用の仕方では、再生可能エネルギーの利用は有機

表9-1 再生可能エネルギーからの二次エネルギー

再生可能エネルギー	二次エネルギー		
	燃料	電気	熱
水　　力		○	
風　　力		○	
地　　熱		○	○
バイオマス	○	○	（＋工業原材料）
太 陽 熱		○	○
太 陽 光		○	

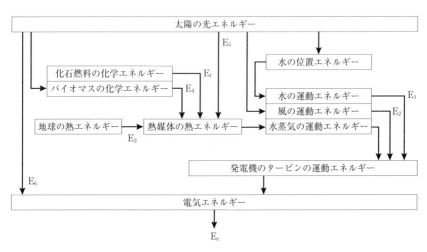

図9-1 再生可能エネルギーによる発電におけるエネルギーの流れ

物質等で自然環境を破壊することも生態系を攪乱することも、そしてCO_2の排出もない。

また、バイオマスは図9-2(b)に示したように、エネルギーにもマテリアル、すなわちバイオマス由来製品としても利用されるバイオマスリファイナリーというシステムを構築できるという特徴を有している。比較のために示した図9-2(a)のオイルリファイナリー(石油精製)との決定的な違いは、CO_2が(a)では一方的に大気中に排出されるのに対して、(b)では循環利用されカーボンニュートラルであることである。

そこで、発電については2節で、バイオマスについては3節で詳しく述べる。

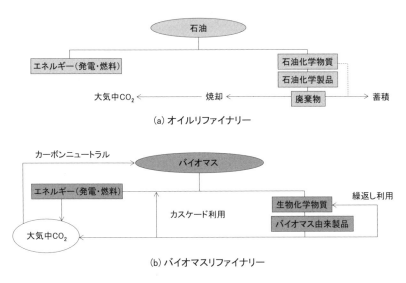

図9-2 オイルリファイナリーとバイオマスリファイナリー

2. 再生可能エネルギーによる発電

（1）種々の発電の概要
1）水力発電

　水力発電とは、図9-1に示したように水の運動エネルギーをタービンの運動エネルギーを介して発電機で電気エネルギーを得るものであり、大規模（ダム式）水力発電、揚水発電、小規模発電（一般に、1000kW以下を小水力発電、200kW以下をマイクロ水力発電と呼ぶこともある。）に分類することもできる。大規模（ダム式）水力発電は、文字通り大型のダムを渓谷に建設してダム湖をつくり、そのダム湖の水を発電所に導く仕組みである。我が国においてはこの方式は既に開発されつくされ、適切な渓谷はもう残っていないともいわれており、また、自然環境の破壊や生態系の攪乱などを引き起こす場合もあることから、再生可能エネルギーには含めないという考え方もある。揚水発電とは、夜間の余剰電力などを使って低いところの水を高いところに汲み上げておき（電気エネルギーを使って水に位置エネルギーを与えておき）、高いところの水を必要に応じて落下させて発電する方法であり、電力を水の位置エネルギーという形態で貯蔵する方法と考えることもできる。小水力発電とは、一般に1000kW以下でダムを建設しない水力発電を指し、再生可能エネルギーとして注目されているのはこの小水力発電である（写真9-1参照）。

2）風力発電

　風力発電とは、大気中の風の運動エネルギーを風車の運動エネルギーを介して発電機で電気エネルギーを得るものである。これは、米国や中国では広く普及しているといえるものの、我が国での普及はまだまだで

ある。これは、我が国においては絶えず強風が吹いていてその風向きが安定しているような風車の建設に適した場所が多いとはいえないことも一因であろう。また、発電用の風車の羽（ブレード）は一般に80—90mと巨大であって、これに鳥が衝突する事故（バードストライク）の発生や脱落事故、風車の回転時に発生するといわれる低周波騒音による健康障害が懸念される場合もある。これらの問題点を解決する抜本的な方法として、風車を陸上ではなく（陸上風力発電）海洋上に建設する洋上風力発電（写真9-2参照）も注目されている。

3）地熱発電

　地熱発電とは、地球内部の熱エネルギーから水蒸気の運動エネルギーを得て、その水蒸気でタービンを回して発電機を動かして電気エネルギーを得るものである。したがって、化石燃料を用いる火力発電も、地熱発電も、後述のバイオマス発電も太陽熱発電も、それぞれ水蒸気のつくり方が異なるだけで、発電方法は同じである。地熱は昼夜に関係なく、また天候の影響を受けることもなく利用できることから、安定した発電が可能となる。しかしながら、地熱発電所の建設に適した場所は極めて限定されるといわれ、温泉源泉の異変の報告例もある（写真9-3参照）。

4）バイオマス発電

　バイオマス発電とは、化石燃料である石油や天然ガスの代わりに木質バイオマス（未利用木材、農作物残さ、建築廃材など）を燃焼させる、あるいはこれらバイオマスと石炭を混合させて燃焼させる（混焼）火力発電であり（写真9-4参照）、バイオマスの有する化学エネルギーから電気エネルギーを得る方法である。ただし、混焼の場合の主たる燃料は化石燃料なので、バイオマス発電とはいわないこともある。計画した発

写真9-1 小水力発電

写真9-2 洋上風力発電

写真9-3 地熱発電

写真9-4 バイオマス発電

写真9-5 ソーラーパネル（太陽光パネル）を敷きつめた太陽光発電所
(写真9-1、9-3、9-4、9-5共同通信社／ユニフォトプレス　写真9-2ユニフォトプレス)

電に必要な木質バイオマスや廃棄物系バイオマスを安定して収集することが問題となる場合も多く、このために海外からバイオマスを輸入することも考えられている。また、有機性廃棄物系バイオマスをメタン発酵させて得られるバイオガスを燃料とする発電は、一般にはバイオガス発電といわれて、バイオマス発電と区別される。

5) 太陽熱発電

太陽熱発電は、一般的には太陽光を集めて熱媒体を加熱し、それからさらに水蒸気を発生させる方法であり、太陽の光エネルギーから熱媒体と水の熱エネルギーを得て、さらに水蒸気の運動エネルギーを介して電気エネルギーを得る。我が国は緯度も高く（赤道から遠く離れている。）日射量も多くないので、この発電に適しているとはいえない。我が国における太陽熱の利用は、いわゆる太陽熱温水器や太陽熱乾燥機に限定されているといえよう。

6) 太陽光発電

太陽光発電とは、これまでに述べた種々の発電とは原理が根本的に異なり、太陽の光エネルギーを直接電気エネルギーに変換する方法である。この変換を行うのが、我が国では一般に「太陽電池」（Solar Cell）といわれる素子であるが、化学エネルギーを電気エネルギーに変換する電池（Battery）ではないので誤解を生みやすい。英語では一般的にPhotovoltaic Cell（光発電素子）といわれる。この太陽電池への光の照射に伴う電子の移動のメカニズムの詳細は、本章では割愛する。また、この素子を複数接続して必要な電圧と電流を得られるようにした装置が、一般的にソーラーパネルとか太陽光パネルと呼ばれている。この発電の問題点は、やはり太陽光が当たらないと発電できないという宿命で

あり、夜はまったく、昼でも悪天候のときにはほとんど発電できない。また、ソーラーパネル（太陽光パネル）がビルや家屋の屋上や屋根に設置される場合と異なり、広大な土地に敷きつめられる場合には（写真9-5参照）、原風景や本来の景観の喪失、反射光による種々の不都合、本来の生態系への悪影響、放置・廃棄された設備・施設の荒廃などの問題が指摘されている例も多い。

（2）種々の発電の評価
1）EPR

再生可能エネルギーの利用に当って十分に考えなければならないことは、利用するための設備を準備することから廃棄に至るライフサイクル中においてエネルギーを投入することが必要であり、それは一般的には化石エネルギーから供給されることである。ある一定の再生可能エネルギーを生産するに当たって、その量以上の化石エネルギーの投入が必要な場合には、その再生可能エネルギーの生産自体が、エネルギー収支の観点からは、無意味であるといえる。つまり、何もしない方が化石エネルギーの節約になる。そこで、式（9-1）で定義されるように、設備を使って生産される正味のエネルギーの、設備の運用、廃棄までに投入されるエネルギーに対する比をエネルギー収支比（EPR；Energy Payback Ratio）といい、この値が大きいほど高く評価される。逆に、この値が仮に1以下であるならば、再生可能エネルギーを生産する意味がないことになる。投入エネルギーの積算の仕方については、どこまで考慮に入れるべきかなどの議論があり、種々の再生可能エネルギーによる発電についても様々なEPR値が報告されている。ここでは、それらの一例として、（独）産業総合研究所から報告されているEPR値を表9-2に示した（（独）産業総合研究所のHP（https://unit.aist.go.jp）よ

り引用)。

$$\text{EPR} = \frac{\text{設備を使って生産される正味のエネルギー量}}{\text{設備のライフサイクル中において投入されるエネルギー量}} \quad (9-1)$$

2) 発電効率

発電プロセスにおけるエネルギー変換効率は一般的に発電効率といわれ式 (9-2) で定義される。

$$\text{発電効率} = \frac{\text{発電プロセスから取出す電気エネルギー量}}{\text{発電プロセスが受取るエネルギー量}} \times 100 \ [\%] \quad (9-2)$$

図9-1に示したエネルギーの流れにおいて各発電の発電効率は以下のように定義され、それらの理論値ではなく実際の値を表9-2に整理した。

水力発電の効率	$= E_e/E_1$	(9-3)
風力発電の効率	$= E_e/E_2$	(9-4)
地熱発電の効率	$= E_e/E_3$	(9-5)
バイオマス発電の効率	$= E_e/E_4$	(9-6)
太陽熱発電の効率	$= E_e/E_5$	(9-7)
太陽光発電の効率	$= E_e/E_6$	(9-8)

比較のために、

化石燃料による火力発電の効率	$= E_e/E_f$	(9-9)

あくまで、発電量の発電プロセスが直接受取るエネルギーに対する比であり、太陽の光エネルギーから水の位置エネルギーや、風の運動エネルギーや、バイオマスの化学エネルギーへの転換の効率は含まないことに留意する必要がある。

3）設備利用率

再生可能エネルギーによる発電を評価するに当たって、発電効率と同時に設備利用率を考えることが重要である。発電量は次の式（9-10）で表すことができる。

（発電量）＝（設備容量）×（設備利用率）　　　　　　　（9-10）

ここで、設備容量とは発電設備が安定して連続発電する際の設計上の最大出力である。一方、設備利用率とは、長期的な発電において最高出力のどの程度の割合の出力が得られるかを示す値であり、各種発電におけるこの値を表9-2に整理した。化石燃料による発電においては、化石燃料が常に安定的に確保・調達されることが前提であり、再生可能エネルギーによる発電においても、水力発電や地熱発電などでは一般的にこの値は高い。しかしながら、風力発電や太陽光発電などでは、まさに天気次第といえ、この値は低い。我々は風や太陽光を制御することはできないので、設備利用率を高くするには発電施設の立地をよく考えることが重要となる。

なお、表9-2には発電コスト（1 kWhの発電に必要な費用）の報告例（資源エネルギー庁のHP（http://enecyo.meti.go.jp）より引用）も併記した。

表9-2　再生可能エネルギーによる発電の比較

再生可能エネルギー		タービンを直接回す		熱エネルギーを介する			光エネルギーから直接	(参考)火力発電
		小水力	風力	地熱	バイオマス	太陽熱	太陽光	
EPR[*1)]	[-]	50	38-54	31	6-16		16-31	6-21
発電効率	[％]	80	10-35	10-20	10-30	38	2-15	～42
設備利用率	[％]	60	10-30	80	50		12	
発電コスト[*2)]	[円/kWh]	10-35	11-26	12-24	12-41		37-46	8-9(LNG)

＊1）産業総合研究所のHP（https://unit.aist.go.jp）より引用
＊2）資源エネルギー庁のHP（http://enecho.meti.go.jp）より引用

3. バイオマスリファイナリー

(1) バイオマスリファイナリーというシステム

　表9-1に示されているように、バイオマスはエネルギー（発電や種々の燃料）として利用できるだけでなく、モノづくりのための原材料（マテリアル）としても利用できる。例えば、我が国における代表的な未利用バイオマスのひとつである稲わらは、かつては多目的に、かつカスケード利用されていた。笠や履物などの材料として、肥料として、そして燃料として使われていただけでなく、廃棄されたモノは第2段階として肥料や燃料として再び利用されていた。今日では、オイルリファイナリー（石油精製）により、プラスチック、化学肥料、そしてエネルギーの多くが石油から得られている。この両者を融合させて、石油から得られるエネルギーとマテリアルの双方をバイオマスから得ようとするのが図9-2および図9-3に示したバイオマスリファイナリーである。ただ

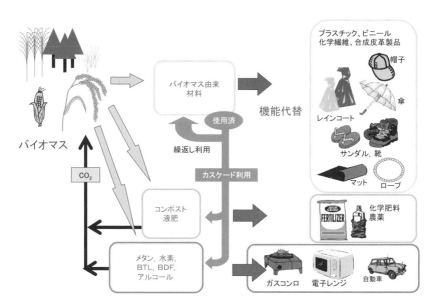

図9-3　バイオマスリファイナリーの具体例

し、石油から得られる液体燃料(ガソリンなど)や化学肥料、プラスチック類とまったく同じ物質をバイオマスから得ようとするのではなく、それらの機能を代替する液体燃料や物資を得ようとするものである。バイオマスリファイナリーには、いくつかの環境問題の解決も同時に期待される。

　バイオマスからエネルギーを得ることは発電以外に多くの手法が実用化されているが、同時にバイオマスから有用なバイオマス由来の化学物質を得ることもできる。しかしながら、バイオマスのマテリアル利用において、資材として広く実用化されているのはポリ乳酸などの幾つかに限られており、今後の一層の展開が期待される。エネルギー生産だけでは経済的に成立が困難と思われる生産システムを、高付加価値のマテリアルを同時生産することで生産システムの経済性を高めるという意味でも、バイオマスリファイナリーは重要であると思われる。バイオマスエネルギーの利用は、健全な物質循環に立脚したバイオマスのマテリアル利用と組合されて機能すると考えてよいと思われる。

(2) バイオ燃料
1) 固体燃料

　薪や木炭、すなわち薪炭は立派なバイオマス由来の燃料（バイオ燃料）である。木を直接燃焼させて調理などに使うことは開発途上国では主流であることも多い。我が国でこれらの、いわば伝統的バイオ燃料が主流でなくなった理由は、①扱いにくいこと、②灰の処理が必要なこと、③煙や臭いが嫌われることも多いこと、そして④エネルギー効率（＝有効に利用されるエネルギー／燃料の燃焼熱）が低いことなどが考えられる。このような欠点を補うために、木をペレット状に加工してペレットストーブ等で利用することも実用化されている。

これらの固体バイオ燃料を民生利用する場合は、燃焼排ガスが直接大気中に放出されることから、有害化学物質（ダイオキシン、放射性物質など）の発生・放出を過剰に懸念されることも見受けられる。

2）液体燃料

ア）バイオエタノール

　ガソリンにバイオエタノールを3％混合したE3、あるいは10％混合したE10と呼ばれる直接混合ガソリンや、E100とも呼ばれるガソリンに混合しないバイオエタノールも海外では広く実用化されている。バイオエタノールからETBE（エチルターシャリーブチルエステル）を合成して、これをガソリンに混合した燃料は、我が国でも一部で流通している。ここで、ETBE分子には6個の炭素原子が含まれるが、バイオマス由来の炭素はこのうちの2個で他の4個は石油由来であることに留意すべきである。

　食糧でもある、①植物体から糖を直接得ることができるサトウキビ、テンサイなどと、②デンプンを得ることができるトウモロコシ、キャッサバ、イネなどの原料から得られる糖を発酵させて製造されるバイオエタノールを第1世代バイオエタノールと呼ぶこともあり、この製造は食糧としての生産・消費と競合することが懸念されることも多い。そこで、食糧ではなく大量に存在するセルロース系バイオマスの利用が注目され、これから得られるバイオエタノールを第2世代バイオエタノールと呼ぶこともある。第1世代も第2世代も物質としてはエタノール（エチルアルコール）でまったく同一のものである。

　セルロースの糖化は酵素を用いる方法（酵素糖化）が一般的であるが、デンプンの酵素糖化に比べると著しく困難であり、原料の草木からリグニンを取除く前処理（脱リグニン）を含めて、現在は世界中でより省エネ、低コストの糖化法が研究開発中である。

イ）バイオディーゼル（Biodeisel Fuel; BDF）

　BDFは第1世代から第3世代に区別するのが一般的であり、これらはいずれも性状が石油からのディーゼル燃料（軽油）に近い異なる化学物質であり、BDFとはそれらの総称である。

　第1世代BDFは植物油（多くの場合は廃食用油）のエステル交換反応によって合成される。このようなBDFは脂肪酸メチルエステル（Fatty Acid Methyl Ester; FAME）と呼ばれることもある。この方法でのBDFは比較的簡単に製造できることから、小規模のコミュニティーなどでも実用化されている。BDFをディーゼルオイルに10％あるいは20％混合させてB10あるいはB20と呼ばれて利用されることも多い。副産物としてグリセリンが生成するが、この有効利用と適切な排水処理が望まれる。

　第2世代BDFは、含水率が高くない種々のバイオマスを、いったん乾留・ガス化により低分子ガス（CO、H_2、その他）に分解し、それを再合成した炭素数16〜18の炭化水素である。こうして得られるBDFは、FTD（Fischer-Tropsch Diesel）とかBTL（Biomass to Liquid）と呼ばれることもある。この第2世代のBDFは広く実用化されている段階ではなく、実証試験を行っている段階にあるといえよう。

　第3世代BDFは、藻の一種である何種類かの炭化水素生成微細藻類が細胞の内部あるいは外部に生成する炭化水素である。これは生物が直接生産する炭化水素であることや、その性状から輸送用車両や航空機の燃料として期待されることもあり、これから様々な実証試験が行われる段階にあるといえよう。バイオマスが藻類であることから、陸地ではなく海洋で大規模な培養が原理的には可能であることから大きな期待も寄せられている。しかしながら、単位時間当たりに単位面積が受ける太陽エネルギー以上のエネルギーを獲得できない、大原則の例外にはなり得

ない。

　ここで述べた液体燃料全般について留意すべきことのひとつは、近年では液体燃料を用いるクルマよりも、いわゆる電気自動車（Electric Vehicle; EV）や燃料電池車（Fuel Cell Vehicle; FCV）への移行が大きく注目されていることである。これからますます経済的、社会的な視点からの議論が重ねられ、同時進行で種々の実証試験などが実施されるものと思われる。

3）気体燃料
ア）バイオガス

　廃棄物系バイオマスの中で、家畜排せつ物、食品廃棄物、水産物残さ、下水汚泥、生ゴミは含水率が高く（例えば、家畜排せつ物の重量の約90％は水）、これらを乾燥させてから資源として使うことは乾燥に要するエネルギーが多くて適切とはいえず、メタン発酵で処理されることが多い。つまり、バイオマスエネルギーの生産よりも廃棄物処理が主目的でメタン発酵が行われることがほとんどである。メタン発酵はドブ川や生ごみ埋立地などで自然発生している現象で、原則として特別な装置や技術は必要でなく、東南アジアなどの開発途上国等ではあらゆる有機性廃棄物系バイオマスをメタン発酵させて得られたバイオガスを、直接調理などに用いている光景がよく見られる。

　バイオガスの成分は原料バイオマスの種類などで異なるが、一般的にはメタン（CH_4）が約60％、二酸化炭素（CO_2）が約40％、さらに最大で10,000 ppm 程度の硫化水素（H_2S）が含まれることが多い。我が国では硫化水素を除去（脱硫）した後に燃焼させて発電する例が多いが（バイオガス発電）、さらにメタンと二酸化炭素を分離して90％以上のメタンを得て天然ガスの代替として民生用に利用する試みも見られる。

イ）乾留ガス

　乾留ガスは種々のバイオマスを乾留させて得られる可燃性の混合ガスである。これを燃焼させてガスタービンやスチームタービンを回して発電することができる。この発電については第8章に述べられている。

4. 再生可能エネルギーの課題

（1）エネルギー源に関わる課題

　ここまでに述べたように、原理的かつ本質的に利点の多い再生可能エネルギーであるが、我が国の発電量に占める再生可能エネルギーによる発電量は1%程度に過ぎず、大規模（ダム式）水力発電を加えても9%程度である。このように、再生可能エネルギーの利用はまだまだ普及していないといっても過言でなく、この現状にはいくつかの理由が考えられる。

　再生可能エネルギー自体が、
①エネルギー密度が低いこと、
②どこでも利用できるわけでなく偏在していること、
③特に太陽光発電や風力発電については、いつでも利用できるわけでなく昼夜、天候、季節などに大きく左右されて発電量が大きく変動し、電力供給源として不安定であることなどから、大容量蓄電池などによってバランス調整を行う必要がある。

（2）経済性に関わる課題

　固定価格買い取り制度（Feed-in Tariff; FIT）が2012年7月に始まっている。これは、再生可能エネルギーを用いて個人や法人が起こした電力を、電力会社は政府が定める一定の価格で一定期間買い取ることを義務付けるものである。これにより、発電者には一定の収益が担保される

ことから、再生可能エネルギーによる発電を大きく推進するとの期待もある。電力会社が買い取る費用は「賦課金（割り当て金）」として電力料金に付加されると考えてよく、このことは利用者である家庭や企業に大きな経済的負担をかけることとなる。

　平成 29 年度以降の調達価格や調達期間等は資源エネルギー庁 HP[1]に公開されている。

引用文献

1) 資源エネルギー庁 HP「なっとく！再生可能エネルギー」
　http://www.enecho.meti.go.jp/category/saving_and_new/saiene/kaitori/

10 | エネルギー貯蔵・輸送システム

堤　敦司

《目標＆ポイント》 太陽光や風力発電などの再生可能エネルギーの利用拡大、電気自動車・プラグイン・ハイブリッド自動車あるいは燃料電池自動車の導入にともなう充電・水素インフラの整備等、持続可能な社会の構築に向けて、エネルギーシステムの大きな変革が求められている。エネルギー貯蔵・輸送システムについて学ぶ。
《キーワード》 エネルギー貯蔵、電力貯蔵、二次電池、エネルギーキャリア

1. エネルギー貯蔵

（1）電力貯蔵と蓄熱

　熱や電気は系に出入りする場合の遷移的なエネルギー形態であり、本質的に貯蔵することができない。そこで、電気や熱を貯蔵する必要がある場合は、電気は機械エネルギーや化学エネルギーに変換して、熱は潜熱として貯蔵する。電気は元々化学エネルギーで貯蔵性がある燃料を燃焼させて熱を発生させ、さらに熱機関で機械エネルギーに変換し発電機で電気に変換しているので、その電気を再び機械エネルギーや化学エネルギーに変換して貯蔵するのは、電力網や電源にアクセスできない場合を除いて、むだなことである。

　しかし、現在の主な電源は、大容量火力発電で、ガスタービンや蒸気タービンが用いられており、これらは負荷率が下がると急激に発電効率が低下するという欠点があり、負荷変動に柔軟に対応することができな

い。また、再生可能エネルギーによる電力は出力が変動するという欠点があり、これらの理由により電力貯蔵が必要になる。

一方、熱は電力よりもはるかに熱負荷の変動に対応することは容易で、場所と時間が異なるところで熱をカスケード利用する場合に、潜熱蓄熱して熱輸送し利用することが多い。また、氷蓄熱などの実用化例もあるが、現在僅々(きんきん)の課題となっているのは電力貯蔵なので、ここでは電力のエネルギー貯蔵・輸送について議論する。

（2）電力貯蔵の必要性

これまでも、昼夜の負荷変動に対して揚水発電が行われるなど対応がなされてきたが、現在、さらなる電力貯蔵が必要とされているのは何故か？　それは再生可能エネルギーの導入拡大によって新たな問題が起こっているからである。

我が国では、地球温暖化対策やエネルギー安定供給等の観点から、2003年以降、再生可能エネルギーの導入促進を図るため、電気事業者に新エネルギー等を電源とする電気の一定割合以上の利用を義務付けるRPS（Renewables Portfolio Standard）制度や、2009年の太陽光発電の余剰電力買取り制度などを導入してきた。図10-1に、再生可能エネルギー導入の推移を示す。再生可能エネルギーの導入が着実に進み、特に、2012年7月の固定価格買取り制度（FIT：Feed-in Tariff）の開始以降、太陽光発電の導入拡大が急速に進んでいることがわかる。

太陽光や風力発電は天候や日射量などによって変動する不安定な電源であり、一定以上導入しようとすると、安定供給ができなくなってしまう。太陽光なら日射量が多くなると電圧が上昇して切断せざるを得なくなってしまうし、風力発電では数十分の周期の周波数変動が起こるためバックアップ用・周波数調整用の変電所が必要になる。例えば、米国カ

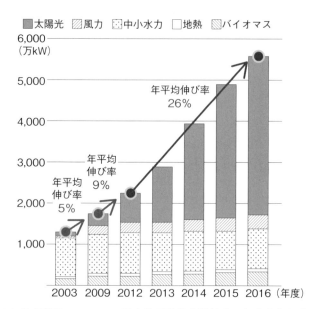

出所：JPEA 出荷統計、NEDO の風力発電設備実績統計、包蔵水力調査、地熱発電の現状と動向、RPS 制度・固定価格買取制度認定実績等より資源エネルギー庁作成

図 10-1　再生可能エネルギー導入（設備容量）の推移

リフォルニア州で、分散型太陽光発電の導入を進めたため、8時から17時までの従来電力の需要が大きく減少、夜になると太陽光発電の出力がゼロになるため必要な発電量が夕方から急上昇する事態となっている（図 10-2）。この曲線がアヒルの形をしているためダックカーブと呼ばれている。

また、CO_2 を排出しないエコカーとして電気自動車（EV）の普及に期待が集まっているが、より容量・出力が大きい電気自動車用二次電池の開発が求められている。また、EV という従来と異なる電力需要が増えていくと、再生可能エネルギーの導入と同様に、既存の電力網との間に様々な問題を引き起こすと予測されている。

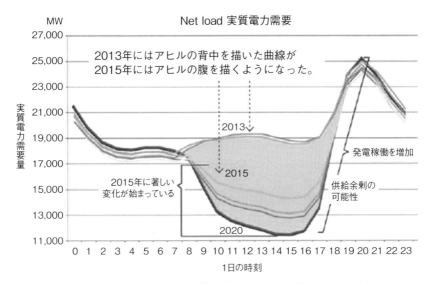

図10-2　カリフォルニア州における1日の電力需要の変化

　このように、再生可能な社会、低炭素社会の構築には、再生可能エネルギーの導入および電気自動車の普及拡大にともなう電力網の不安定化という問題を解決する必要がある。さらに、将来の再生可能な社会では水素と電力を二次エネルギーとした水素エネルギー社会となると考えられ、再生可能エネルギーからの水素製造、電力と水素の相互変換とともに水素エネルギーの輸送・貯蔵が重要な課題となる。

2. 電力貯蔵

(1) 再生可能エネルギー導入拡大に向けての課題

　不安定電源である再生可能エネルギーの導入拡大にともなって、電力系統で以下のような問題に直面している。

1）電力需給バランス

　従来は、変化する電力需要に対して、コストが安く効率の高い原子力と大容量火力とをベース電源とし、変動する電力需要に対しては石油火力や揚水発電で対応してきた。しかし、CO_2 が発生する火力発電を減らし、再生可能エネルギーを大量に導入すると電力需給バランスを取るのが困難になり、結果的に再生可能エネルギーからの余剰電力が発生してしまう。

2）周波数調整

　従来は、電力需要と電力供給のバランスをとることで周波数調整を行っているが、再生可能エネルギー電力が増えると、出力変動が大きくなるため火力発電などによる周波数調整が追いつかず、周波数を一定に保つことで困難になっていく。

3）急激な出力変動

　ダックカーブのように太陽光発電の出力が日没とともに急激にゼロになっていくが、ガスタービンなど火力電源を立ち上げていくことで対応している。ガスタービンを起動し安定な出力が得られるには15〜20分かかり、大きな変動速度に対応することができない。

(2) 電力貯蔵技術

　図10-3は電力貯蔵技術分類を示している。電気エネルギーを貯蔵可能なエネルギー形態である機械エネルギー、化学エネルギーおよび電磁気エネルギーに変換してエネルギーを貯蔵する。

1）機械エネルギーに変換する電力貯蔵

・揚水発電：高低差がある2つの調整池を設け、夜間の余剰電力を利用して、下部調整池の水を上部調整池にポンプで汲み上げ、昼間の電力需要のピーク時に水力発電を行う。大容量電力貯蔵で負荷を平準化する。

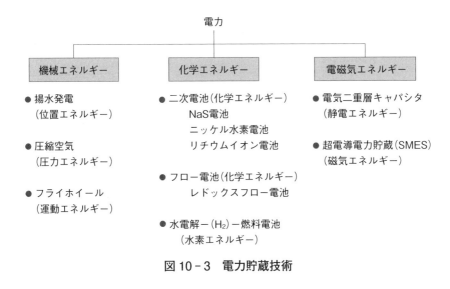

図10-3 電力貯蔵技術

・圧縮空気電力貯蔵：ガスタービン発電は空気を圧縮して燃料とともに燃焼させるが、夜間の余剰電力で燃焼用空気を圧縮してタンクに貯蔵し、昼間に発電に用いる。

・フライホイール：円盤などの回転体（フライホイール）の運動エネルギーに変換して貯蔵する。超電導コイルによる磁気浮上などの利用により、大容量、長期貯蔵が可能になりつつある。

2）化学エネルギーに変換する電力貯蔵

・ナトリウム硫黄電池（NaS電池）：負極・正極活物質に溶融ナトリウムおよび溶融硫黄を、固体電解質にβ-アルミナを用いた高温型電池（300〜350℃）。

・ニッケル水素電池：負極・正極活物質に水素吸蔵合金およびニッケル酸化物を、電解質に水酸化カリウムを用いた二次電池。最近、大容量、高出力が可能な電池が開発されている。

・リチウムイオン電池：リチウムイオンが正極―負極間を電解質を介して移動することで充放電する電池。モバイル用電源に用いられているが、電気自動車や電力貯蔵用途でも用いられる。過充電・過放電で発火する場合がある。電力貯蔵用の大容量電池では、急速充放電すると高温になり発火する恐れがあるため、冷却する必要がある。

・レドックスフロー電池：正負極活物質ともにバナジウムを用い、イオン交換膜で分けられた負極側、正極側にそれぞれ V^{3+}/V^{2+} および V^{4+}/V^{5+} 電解液（酸性水溶液系）を流し、バナジウムの価数が変わることにより充放電されるフロー型電池（図10-4）。それぞれの電解液は2つのタンクに貯蔵され、ポンプで循環する。エネルギー密度は小さいが、化学プラントと同じく大容量化が容易で、安全性が高いという特長がある。

・水電解水素製造：水の電気化学分解で水素を得て、電気を水素エネルギーとして貯蔵する。燃料電池や水素燃焼タービンで再び電力に戻す電力貯蔵となるし、水素を燃料電池自動車などの燃料として供給することができる。

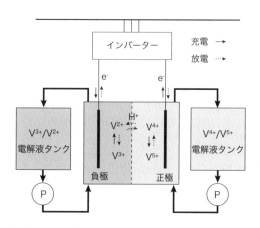

図10-4　レドックスフロー電池の仕組み

3）電磁気エネルギーに変換する電力貯蔵

・電気二重層キャパシタ：正極・負極とも主に活性炭などの多孔質・大比表面積の素材を用いて、電極と電解液との間に形成される電気二重層を絶縁層として、電荷を吸着して静電気エネルギーとして貯蔵する。エネルギー密度は小さいが、出力密度は大きく急速充・放電が可能なため、瞬低・停電補償や回生電力の回収に使われる。

・超電導電力貯蔵（SMES）：超伝導コイルでは電気抵抗がゼロなので、電流が流れ続けることを利用して、電力を磁気エネルギーとして保存する。短時間での電力と出し入れが可能で、大規模な瞬低・停電対策などに期待されている。

　電力貯蔵の役割には、1）負荷、発電電力および受電電力平準化、2）系統安定化・周波数調整、3）瞬間的な電圧低下（瞬低）と停電対策・非常用電源などがある。各電力貯蔵技術が適用することができる容量、時間スケールを図10-5にまとめた。

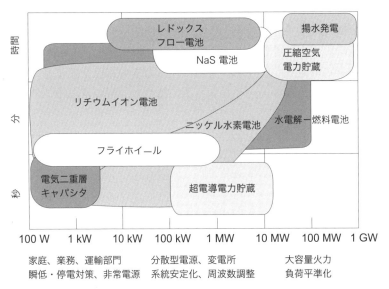

図10-5　各電力貯蔵技術の適用範囲

3. 二次電池

（1）再生可能エネルギーと二次電池

　繰り返し充放電ができる二次電池は、電力貯蔵だけでなく電気自動車など、移動体にも使われている。EV（電気自動車）を再生可能エネルギーから得られた電力で充電すれば、ガソリンが不要になり、二酸化炭素の排出をゼロにすることができる。

（2）電池の原理と構造
1）酸化還元反応と酸化還元電位

　電池における反応は電子の授受をともなう反応で、ある対象物質が反応して電子を放出する場合、その反応を酸化反応といい、この反応物質を還元された状態にある、あるいは、相手を還元させることができるという意味で還元体（還元剤）という。逆反応は、電子を受け取る反応で還元反応といい、還元体が電子を放出して酸化体になったと考える。還元体を Red、酸化体を Ox とすれば、酸化還元反応は、

$$Ox + ne^- \rightleftarrows Red$$

と表され、この電気化学反応が平衡になるときの電位を酸化還元電位という。表 10-1 に種々の酸化還元反応の酸化還元電位を示す。

表 10-1 酸化還元反応の酸化還元電位

半反応	E°(V)	見掛けの電位(V)	半反応	E°(V)	見掛けの電位(V)
$F_2+2H^++2e^-=2HF$	3.06		$Cu^{2+}+e^-=Cu^+$	0.153	
$H_2O_2+2H^++2e^-=2H_2O$	1.77	1.70(1M $HClO_4$)	$TiO^{2+}+2H^++2e^-=Ti^{3+}+H_2O$	0.1	
$Ce^{4+}+e^-=Ce^{3+}$		1.61(1M HNO_3) 1.44(1M H_2SO_4)	$S_4O_6^{2-}+e^-=2S_2O_3^{2-}$	0.08	
$MnO_4^-+8H^++5e^-=Mn^{2+}+4H_2O$	1.51		$2H^++2e^-=H_2$	(0)	
$PbO_2+4H^++2e^-=Pb^{2+}+2H_2O$	1.455		$Pb^{2+}+2e^-=Pb$	−0.126	
$Cl_2+2e^-=2Cl^-$	1.359		$Sn^{2+}+2e^-=Sn$	−0.136	
$Cr_2O_7^{2-}+14H^++6e^-=2Cr^{3+}+7H_2O$	1.33		$AgI+e^-=Ag+I^-$	−0.151	
$O_2+4H^++4e^-=2H_2O$	1.229		$Ni^{2+}+2e^-=Ni$	−0.250	
$Ag^++e^-=Ag$	0.799	0.228(1M HCl) 0.792(1M $HClO_4$)	$Co^{2+}+2e^-=Co$	−0.277	
$Fe^{3+}+e^-=Fe^{2+}$	0.771		$Ag(CN)_2^-+e^-=Ag+2CN^-$	−0.31	
$I_3^-+2e^-=3I^-$	0.5355		$PbSO_4+2e^-=Pb+SO_4^{2-}$	−0.356	
I_2(固体)$+2e^-=2I^-$	0.5345		$Zn^{2+}+2e^-=Zn$	−0.763	
$Cu^++e^-=Cu$	0.521		$Al^{3+}+3e^-=Al$	−1.66	
$Fe(CN)_6^{3-}+e^-=Fe(CN)_6^{4-}$	0.36	0.72(1M $HClO_4$, 1M H_2SO_4)	$Mg^{2+}+2e^-=Mg$	−2.37	
$Cu^{2+}+2e^-=Cu$	0.337		$Na^++e^-=Na$	−2.714	
Hg_2Cl_2(固体)$+2e^-=2Hg+2Cl^-$	0.268	0.241(飽和KCl:SCE) 0.282(1M KCl)	$Ca^{2+}+2e^-=Ca$	−2.87	
			$K^++e^-=K$	−2.925	
$AgCl+e^-=Ag+Cl^-$	0.222		$Li^++e^-=Li$	−3.045	

2）電池の原理

電池は、酸化還元電位が異なる2つの酸化還元反応の組み合わせで構成され、酸化還元電位が低い反応の活物質を負極に、酸化還元電位が高い反応の活物質を正極として、両極間に電解質を挟み込んだ構造となっている（図10-6）。

正極　　$Ox_1 + ne^- \rightleftarrows Red_1$　　標準電極電位$E°_1 (Ox_1 / Red_1)$ [V]

負極　　$Ox_2 + ne^- \rightleftarrows Red_2$　　標準電極電位$E°_2 (Ox_2 / Red_2)$ [V]

2つの酸化還元反応が、それぞれ平衡にある（酸化反応と還元反応が釣り合っている）とき、負極と正極を導線で繋ぐと、負の電荷をもつ電子は電位が低い負極から電位が高い正極に自発的に移動して、負極では電子を放出する酸化反応が進み、還元体が酸化体になっていく。同時に、

正極では電子を受け入れる還元反応が進み、酸化体が還元体に変化していく。その結果、電流が正極から負極に流れ、正極と負極の反応の酸化還元電位の差（$\Delta E = E°_1 - E°_2$）を起電力として電気を取り出すことができる。これが電池の放電で、活物質がもっていた化学エネルギーが電気エネルギーに変換され取り出されている。負極あるいは正極で活物質がすべて酸化体あるいは還元体になると放電が終了する（図10-6(a)）。

逆に、放電が終了した電池の負極―正極間に起電力以上の電圧をかけると電子が正極から負極に流れ、逆反応すなわち負極で還元反応、正極で酸化反応が進行し、電池が充電される（図10-6(b)）。

充電時、電気的な中性条件を守るため、負極では電子が放出されると同時に正電荷が負極から電解質中を通って正極まで輸送される必要がある。この電荷を運ぶ電荷担体は電池ではイオンで、プラスイオンの場合は負極から正極へ、マイナスイオンの場合は正極から負極に移動することで正電荷が負極から正極に輸送され、正極において外部回路経由で受け取った電子とともに酸化体が還元される。

負極、正極の活物質、電解質の違いによって様々な電池が開発されている。放電するだけで逆反応が起こらないのが一次電池、逆反応が起こり、充電・放電を繰り返すことができる電池が二次電池である。また、

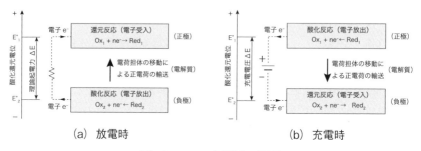

図10-6　二次電池の原理

負極・正極活物質として水素、酸素を用いて、外部から連続的に負極、正極に活物質を送り込み、酸化還元反応をさせ電気エネルギーを取り出すのが燃料電池である。また、負極・正極活物質がともにイオンで、それぞれのイオンを含んだ電解液を負極、正極にポンプで流し、価数が変化した、すなわち酸化・還元されたイオンを含む電解液をタンクに貯蔵するのがレドックスフロー電池である。

3）電池の構造

活物質は電子導電性が低いものが多いので、活物質粒子とカーボンなどの導電助剤とバインダーを加えてペースト状にしたものを、金属あるいは炭素でできた集電体に埋め込んだり、塗布したりして電極がつくられている。負極と正極は間にセパレーターを挟んで電解質を注入して単電池を形成させる。単電池はその形状から、円筒型、角形、ラミネート（パウチ）型などがある。単電池を複数個、並列・直列に組み合わせたものを組電池あるいは電池パックという。

4. 二次電池の種類と特徴

（1）主な二次電池

1）鉛蓄電池

負極活物質に Pb、正極活物質に PbO_2、電解液に希硫酸を用いた電池。図 10-7 のように、放電で負極では Pb が $PbSO_4$ に、正極では PbO_2 が $PbSO_4$ に変化し、負極で精製した H^+ が正極に輸送される。Pb、PbO_2 と $PbSO_4$ とはモル体積がかなり違う。このため、充放電を繰り返すと体積変化が起こり、電極粒子が粉化したりして活物質が電極から脱落したりする。また、過放電すると硫酸鉛の結晶が析出し劣化する。したがって、鉛蓄電池は、常時充電しておく非常時電源や自動車用バッテリーなどに用いられる。

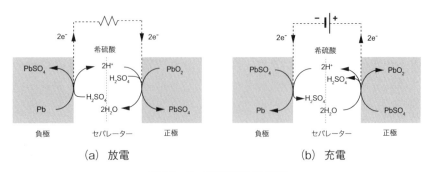

図10-7　鉛蓄電池の原理

2）ニカド電池（Ni-Cd電池）

1960年代に開発された二次電池で、負極活物質にカドミウム（Cd）、正極活物質にオキシ水酸化ニッケル（NiOOH）、電解液にアルカリ溶液を用いている。

過放電、長期間放置しても性能低下が少ない、大電流を取り出せるなどの特徴があり、電動工具などに用いられているが、有害物質Cdを含んでいるため、ニッケル水素電池やリチウムイオン電池に置きかわりつつある。

3）ニッケル水素電池（Ni-MH電池）

ニカド電池の負極活物質を水素吸蔵合金に置き換えた電池（図10-8）。内部抵抗が小さいので、大電流放電（高出力化）が可能。1990年に量産化され、カムコーダーやノートパソコンなどの小型電子機器用途として普及した。また、世界初の量産ハイブリッド車（HEV）にも搭載された。

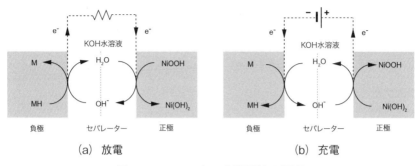

図10-8 ニッケル水素電池の原理

4）リチウムイオン電池（Li-ion電池）

正極活物質にリチウム金属酸化物、負極活物質に黒鉛などのカーボン材料を用いる（図10-9）。起電力が3.2～4.0 Vと大きくエネルギー密度が大きい。しかし、水電解が起こるため水溶液系電解質は使えず、有機溶媒にリチウム塩を溶解させた有機電解液を用いる。また、有機電解質にポリマーを加えてゲル化した電池も開発されておりリチウムポリマー電池と呼ばれている。活物質は層状になっており、層間にリチウムイオンを蓄える。リチウムイオンが電極間を移動するだけなので、構造変化が起こりにくく、サイクル特性に優れている。

約3.7 Vという高い放電電圧をもちエネルギー密度も大きいため、小型化、軽量化、高性能化が進んだモバイル機器に搭載されている。過充電・過放電で発熱し発火する恐れがあるなどの問題があるが、EVやエネルギー貯蔵システム（ESS）にも用いられるようになってきている。

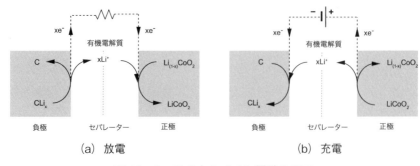

図10-9 リチウムイオン電池の原理

（2）電池の役割

　キャパシタ、二次電池、燃料電池のエネルギー密度と出力密度を図10-10に示した。電気二重層キャパシタは出力密度が大きいが静電気エネルギーとして貯蔵しているためエネルギー密度は非常に小さい。一方、燃料電池は、エネルギー密度が二次電池と比較して大きいが、出力密度が低いのがわかる。二次電池はエネルギーを電極活物質の中に蓄えるのに対し、燃料電池は、外部の貯蔵タンクから供給できるためエネルギー密度を大きくできる。また二次電池は、電極での酸化還元反応が、電極活物質（固体）と電解質（液体）の二相界面で起こるが、燃料電池は燃料（ガス）、電極（固体）および電解質（液体）の三相界面で起こるため、反応界面積が非常に小さいため出力密度が小さくなる。

　エネルギー密度が大きくなる、あるいは大型化・大容量化した場合、充放電時に内部抵抗で発生した熱を除熱するのが難しく、出力を上げられないため、エネルギー密度と出力密度との間には、トレードオフの関係がある。モバイル、EV用途としての二次電池として大容量化、小型化のためにはさらなるエネルギー密度の増大が、大出力化・急速充放電のためにはさらなる出力密度の増大が望まれている。

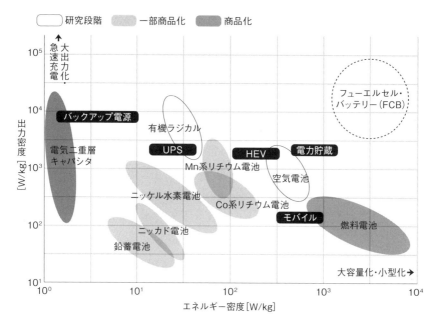

図 10-10　キャパシタ、二次電池、燃料電池の比較

　また、電気自動車の普及とともに充電スタンドも拡大していくが、二次電池を急速充電するには高出力電源が必要になり、需要側でも変動する電力需要が増えていく。したがって、EV の充電も二次電池を用いて、需要側で負荷を平準化することが必要になると考えられる。電気自動車の電池本体を直接利用する場合と、充電スタンド用の大容量・高出力型の二次電池を利用する場合が考えられるが、いずれにせよ、二次電池のより高出力化・大容量化が求められる。

5. エネルギーキャリア

(1) 水素エネルギー

　不安定電源である太陽光や風力発電の導入量の増大にともなって、需給バランスを取るために電力貯蔵システムを大量に導入して行っても電力系統を安定化するのは簡単なことではなく、コストもかかる。また、再生可能エネルギーで得られるのは電力であり、もう1つの二次エネルギーである燃料は、依然化石エネルギーから生産されている。そこで、太陽光や風力など再生可能エネルギーから得られた電力を使って水を電気分解して水素を生産し、水素を燃料とする水素エネルギーシステムが考えられている。

　また、水素は水電解だけでなく、天然ガスの改質、石炭やバイオマスのガス化、などによっても生産することができ、エネルギー供給の多様化を図ることができる。

(2) エネルギーキャリア

　水素エネルギーの輸送、貯蔵には、液体水素が考えられている。水素の貯蔵・輸送インフラが整っていない現状では、水素をアンモニアや有機ハイドライド、水素吸蔵合金などに変換させて貯蔵・輸送させ、利用前に水素に戻すことが考えられており、これをエネルギーキャリアという。その概念を（図10-11　口絵）に示す。

　エネルギーキャリアとしては、1）液体水素、2）有機ハイドライド、3）アンモニアが考えられている。

1）液体水素：水素を-253℃以下の極低温にして液化したもので、液体水素タンカーで輸送される。

2）有機ハイドライド：メチルシクロヘキサンのように、触媒によって

簡単に水素を放出する有機化合物で、水素キャリアとして液体で輸送できる。

3）アンモニア：空気中の窒素と水素からアンモニアを合成できるが、アンモニアは簡単に分解して水素を取り出すことができるから水素キャリアとして利用できる。さらに、アンモニアは直接燃焼させることができ、CO_2を発生しない燃料システムを構築できる。

11 | 水素エネルギーと燃料電池

堤　敦司

《目標＆ポイント》　将来のエネルギーシステムは水素エネルギーシステムといわれる。まず、水素の製造、輸送・貯蔵および利用技術について説明する。次世代の発電システムである燃料電池の原理と仕組みについて学ぶ。応用分野として燃料電池自動車、家庭用燃料電池コジェネレーションおよび石炭ガス化燃料電池発電（IGFC）を中心に、燃料電池システムの開発の現状と課題を解説する。
《キーワード》　水素エネルギー、水素インフラ、水素キャリアー、水蒸気改質、水性ガス反応、水電解、熱化学水分解、燃料電池、リン酸形燃料電池（PAFC）、固体高分子形燃料電池（PEFC）、溶融炭酸塩形燃料電池（MCFC）、固体酸化物形燃料電池（SOFC）、FCV、IGFC

1. 水素エネルギーネットワーク

（1）水素社会

　将来のエネルギーシステムとしては、図11－1に示すような、主に再生可能エネルギーから生産される水素をエネルギーキャリアーとし、二酸化炭素や環境汚染物質を一切排出しないエネルギー利用を行う、水素エネルギーシステムが考えられている。

（2）水素製造

　水素を核としたエネルギーシステムを構築していくためには、再生可能エネルギーを初め、様々なエネルギーから水素を製造する水素製造技

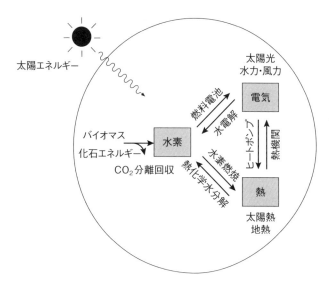

図11-1 水素エネルギーシステム

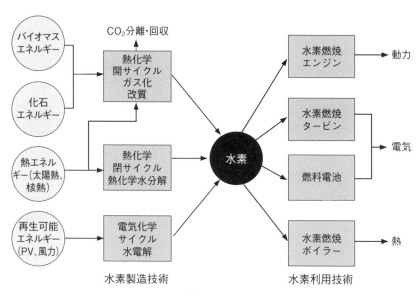

図11-2 水素製造・利用技術大系

術が重要となる。水素製造において、水素は水から生成する。水素以外のエネルギーを使って、水を分解して水素を得るのである。図11-2に水素の製造と利用技術について整理している。

1）炭素資源からの水素製造

バイオマスや化石資源等の炭素系資源からは、水性ガス反応（水蒸気改質）によって水素を生産する。炭素から水素を生産する総括反応は、

$$C + 2H_2O \rightarrow 2H_2 + CO_2 \quad -\Delta H° = 394 \text{ kJ/mol}$$

で、吸熱反応となる。したがって、炭素資源からの水素製造は、化学エネルギーと熱エネルギー（エクセルギー率45％）からの水素エネルギーへの変換であり、図11-3(a)のエネルギー変換ダイヤグラムで表される。高温の未利用熱が利用できる場合、伝熱のエクセルギー破壊を除き、理想的にはエクセルギー破壊はなく、エクセルギー再生が可能となることがわかる。しかし、一般に、この吸熱反応の反応熱を、炭素を燃焼させて燃焼熱を供給してバランスさせるので、図11-3(b)のように、エクセルギー破壊は起こるが、冷ガス効率（炭素資源のエネルギーのうちどれだけガスのエネルギーに変換できたか示す割合）を100％とするこ

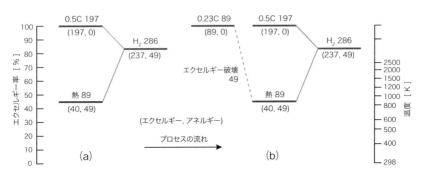

図11-3　炭素資源からの水素製造のエネルギー変換ダイヤグラム

とができる。これをオートサーマル条件という。一般に炭素資源をガス化し水素を製造する場合、冷ガス効率は80％以下に止まることが多い。

2）水の電気分解による水素製造

水電解は、水の分解反応を、負極での水素発生反応と正極での酸素発生反応の2つの電気化学反応に分けて行わせる。負極―正極間に理論電解電圧以上の電圧をかけると電子が正極（アノード）から負極（カソード）に流れ、負極で還元反応、正極で酸化反応が進行し、水が電気分解し、水素が負極で、酸素が正極で発生する。この2つの電極反応の電位差が電解電圧となり、標準状態での理論電解電圧は1.23 Vとなる。電気的中立条件を守るため、正極でプラスイオンが生成し負極側に電解質中を拡散するか、あるいは負極でマイナスイオンが生成し正極側に拡散することによって、正電荷が正極から負極に移動する。

水の電気分解は、吸熱反応で反応のエンタルピー変化ΔHのエネルギーを与える必要がある。反応温度をTとすると、反応の自由エネルギー変化ΔG分を電気仕事で、$T\Delta S$分を熱として与える。また、理論電解電圧をEと反応の自由エネルギー変化ΔGの間には、次式が成り立つ。

$$\Delta G = nFE \qquad (1)$$

ここで、nは反応に関与する電子の数（水電解では2電子反応より$n=2$）、Fはファラディー定数（96485 C mol-1 = 26.801 Ah mol-1）である。水の電気分解の場合は標準温度で理論電解電圧は1.23 Vとなる。温度が高くなるにつれ、ΔGが低下、すなわち理論電解電圧が小さくなる。

実際の水電解の電解電圧は、過電圧のため理論電解電圧より大きくなる。主な過電圧としては、電極、電解質および隔膜での抵抗過電圧と正極・負極における活性化過電圧と濃度過電圧がある。

図11-4に、(a)電解電圧が理論最小電圧である1.23 Vのとき（25℃）、

(b)電解電圧が熱的中立条件である 1.48 V のとき (25℃)、(c)電解電圧が 2.0 V の発熱条件であるとき (60℃)、の 3 つの場合のエネルギー変換ダイヤグラムを示した。また、表 11-1 に、それぞれの場合の、エクセルギー効率とエネルギー効率をまとめた。実際の工業的水電解では、電解電圧が 1.8 〜 2.1 V で行われている。

電解質の違いによって、アルカリ水電解、固体高分子形水電解 (PEM) および高温水蒸気水電解 (SOEC) の 3 つの方法がある。固体高分子形水電解は過電圧が小さいが、コストが高いため、電流密度を大きくして運転する。その結果、電解電圧はアルカリ水電解とほぼ同等となっている。このため、現在、工業的水電解は主にアルカリ水電解で、小規模なものに一部固体高分子形水電解が用いられている。

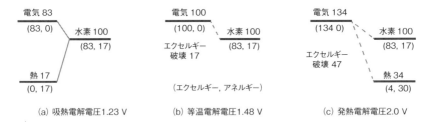

図 11-4 水の熱化学分解による水素製造のエネルギー変換ダイヤグラム

表 11-1 アルカリ水電解のエクセルギー効率とエネルギー効率

セル電圧	1.23 V	1.48 V	2.0 V
エクセルギー効率	$\Psi=\dfrac{83}{83}=\dfrac{1.23}{1.23}=1.0$	$\Psi=\dfrac{83}{100}=\dfrac{1.23}{1.48}=0.83$	$\Psi=\dfrac{83}{134}=\dfrac{1.23}{2.00}=0.62$
エネルギー効率	$\eta=\dfrac{100}{83}=\dfrac{1.48}{1.23}=1.2$	$\eta=\dfrac{100}{100}=\dfrac{1.48}{1.48}=1.0$	$\eta=\dfrac{100}{134}=\dfrac{1.48}{2.00}=0.74$

3）太陽熱・核熱からの水素製造

太陽熱や高温ガス炉から得られる900℃程度の熱エネルギーから、複数の吸熱および発熱反応からなる化学反応サイクルで水を水素と酸素に分解する熱化学水分解法によって水素を製造することができる。これを熱化学水分解法という。主なプロセスとして、ISプロセス、UT-3プロセスがある。図11-5に示すように、熱化学水分解法は、高温側吸熱反応で吸熱した熱エネルギーを水素エネルギーと低温の熱エネルギー（低温側発熱反応の反応熱）に分割する熱機関型のエネルギー変換で、熱化学機関とも呼ばれる。

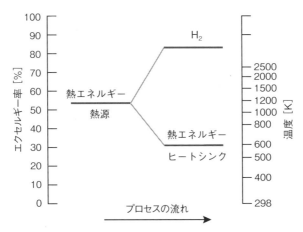

図11-5　水の熱化学水分解による水素製造のエネルギー変換ダイヤグラム

（3）水素インフラ

水素の生産から、輸送、貯蔵、利用までのインフラを含めて、水素エネルギーネットワークと呼ばれている。水素を取り扱うインフラは、従来のインフラとはかなり異なったものとなり、水素インフラと呼ばれて

いる。大量の水素を安全に低コストで輸送・貯蔵する技術は確立されておらず、液体水素、圧縮水素、水素吸蔵材料など様々な技術開発が続けられている。(図11-6　**口絵**)に水素インフラをまとめた。

(4) 水素キャリア

水素自体が優れたエネルギーキャリアであるが、ガスで容易に液化できないこと、ガスの体積当たりのエネルギー密度が小さいこと、爆発限界が広いことなど問題点も多い。そこで、水素エネルギーを別の化学エネルギーに変換して、輸送・貯蔵しようとするのが水素キャリアである。主なものとして、メタノール、アンモニア、有機ハイドライドが考えられている。このとき、有機ハイドライドのように利用の段階で水素に戻して利用する場合と、メタノールやアンモニアのように直接できる場合とがある。

(5) メタノール

図11-7に種々の液体燃料の合成経路が示されている。燃料油代替として、合成ガスからF-T合成で製造されるGTL、バイオマスから製造するバイオディーゼル、バイオエタノール、LPG、軽油代替のDMEなど様々な液体燃料が提案されている。メタノールもその1つであるが、ほとんどすべての化石エネルギー資源の用途に代替できるとともに、多くの炭素系資源からCO、H_2を介して合成できるという特長をもつ。メタノールは常温で液体であり、従来の石油系燃料のインフラを大きく変更することなく活用できることから、インフラを一新する必要がある水素エネルギー社会が形成される前に、中間段階としてメタノールを核としたメタノール社会、メタノールエネルギーシステムが考えられている。

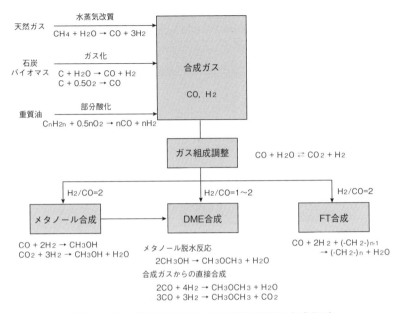

図 11-7 炭素系資源からの液体燃料の合成経路

(6) ガソリン自動車から EV、FCV へ

　石油から得られるガソリンや軽油は、移動体用液体燃料として重要な地位を占めている。しかし、新興国を中心とした自動車保有台数の増加、それにともなう石油の大量消費は、石油資源の枯渇化を加速させるとともに、CO_2 排出による地球温暖化、大気汚染物質の排出による環境破壊が問題になっている。運輸部門において、エネルギー消費、CO_2 排出を大幅に削減するためには、より省エネルギーな輸送システムへの転換(モーダルシフト)、電気自動車 (EV)、燃料電池自動車 (FCV) への転換が求められている。全面的な EV、FCV への転換までには、解決すべき課題も多く残されており、まだ研究開発が必要であるが、ハイブリッド車 (HEV)、プラグインハイブリッド車 (PHV) などが市場に

投入されてきている。

2. 燃料電池

（1）燃料電池の歴史
1）燃料電池の発明

　燃料電池の原理は、1801年にイギリスのデービーが発明したとされているが、実際に燃料電池の実験を初めて行ったのはウィリアム R. グローブであり1839年である。彼は、当時既に触媒作用が知られていた白金を電極として、電解質に硫酸水溶液を用い、硫酸水溶液が入ったビーカーに、中に白金電極を入れた2本のガラス管を逆さまに浸し、それぞれのガラス管に水素と酸素を入れたところ、電気を取り出すことができた。用いた装置は、今日、中学校で習う水の電気分解の装置とほとんど同じものである（図11-8）。

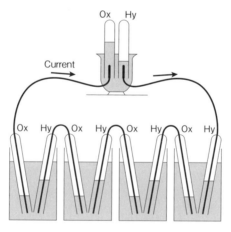

図11-8　グローブによる燃料電池実験（1839年）

1952年、イギリスのベーコンはKOH水溶液を電解質に用いたアルカリ形水素酸素燃料電池の実験に成功し、特許を取得するとともに、5kWの燃料電池の発電に成功した。これは、現在の燃料電池の原型ともいうべきもので、初めてのガス拡散電極を用いた実用的な水素酸素燃料電池であった。

2）宇宙開発における燃料電池

　1960年代になると、燃料電池は宇宙分野を中心に開発が進められた。1965年、米国NASAのジェミニ計画で、有人宇宙船ジェミニ5号にGE社が開発した燃料電池が搭載された。これはイオン交換樹脂を電解質に用いたタイプで、現在の高分子電解質形燃料電池とほぼ同じ構造のものである。しかし、電解質膜の性能は低く、多量の白金触媒を用いていた。

　次のアポロ計画では、先に述べたように、ベーコンの水素酸素燃料電池を基にしたUT社のアルカリ形燃料電池がアポロ7号に搭載された。

3）民生用・電力事業用の燃料電池の開発

　1970年代、1980年代は、世界中でエネルギー危機と環境問題に直面することとなり、これを契機として環境性に優れる燃料電池の開発が活発になった。アメリカでは、宇宙分野の燃料電池開発とともに、民生用として発電用の大型燃料電池の実用化を行うFCG-1計画、住宅・オフィスビルのコジェネレーション用の燃料電池の開発を行うTARGET計画などが進められた。これらは、リン酸形燃料電池であった。日本でも、石油危機を契機とした通商産業省のムーンライト計画で、リン酸形、溶融炭酸塩形燃料電池、固体電解質形燃料電池の開発が始められた。1991年には、東京電力五井火力発電所で、出力1万1000kWのリン酸形燃料電池の実証運転が行われ、分散電源としてもこれまで日本全国で209プラント、約5万kWが導入されている。

(2) 燃料電池の原理
1) 燃料電池反応

　燃料電池 (fuel cell) は、燃料のもつ化学エネルギーを電気化学的に連続して電気エネルギーに変換する。通常の電池も同様に化学エネルギーを電気エネルギーへと変換して電気を取り出すが、燃料電池は燃料と酸化剤を連続的に供給しかつ反応生成物を電池外へ連続的に取り出せるシステムになっている。

　図11-9に最も単純な水素-酸素燃料電池の動作原理を示す。電解質 (ここでは酸) 中に正、負の2本の電極が浸されており、水素、酸素がそれぞれ正、負極の側に吹き込まれる。水素電極 (正極) 側では水素ガスが、

$$H_2 (気相) \rightarrow 2H^+ (液相) + 2e^- (電極)$$

として水素イオンとなり電子を放出する。水素イオンは電解質中を酸素極まで拡散していき、ここで酸素と反応して水となる。

$$2H^+ (液相) + \frac{1}{2}O_2 (気相) + 2e^- (電極) \rightarrow H_2O (気相)$$

両電極間を導線でつなぐと電子の移動が起きる、すなわち電力を取り出せる。正味の反応は水素と酸素から水ができる反応で、

$$H_2 (気相) + \frac{1}{2}O_2 (気相) \rightarrow H_2O (気相)$$

水の電気分解の逆反応である。電極は多孔質な固体に触媒を担持させたものが用いられ、電極細孔内で電極の固相、液相である電解質および気相の三相が接する界面で反応が起こると考えられている。

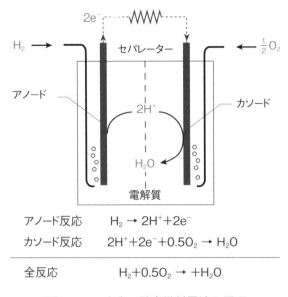

アノード反応　　　$H_2 \rightarrow 2H^+ + 2e^-$
カソード反応　　　$2H^+ + 2e^- + 0.5O_2 \rightarrow H_2O$
全反応　　　　　　$H_2 + 0.5O_2 \rightarrow +H_2O$

図11-9　水素－酸素燃料電池の原理

2）電解質と燃料電池の分類

　燃料電池では、電極表面で電極反応が起こり、電子の授受が行われる。電解質は電子導電性がないため、電子は外部回路に流れ、アノードとカソード間では、電解質のイオン導電性により、イオンが電荷担体として移動することによって電流が流れる。

　どのような電解質を用いるかによって、燃料電池としての性能や特性が異なる。主に、アルカリ形、固体高分子形（Polymer Electrolyte Fuel Cell: PEFC）、リン酸形（Phosphoric Acid Fuel Cell: PAFC）、溶融炭酸塩形（Molten Carbonate Fuel Cell: MCFC）、固体酸化物形（Solid Oxide Fuel Cell: SOFC）、の5つの種類があり（表11-2）、操作温度によって、前の3つが比較的低温で操作される低温燃料電池、溶融炭酸塩

表 11-2 各種燃料電池の比較

主な燃料電池	アルカリ形(ALFC)	リン酸形(PAFC)	固体高分子形(PEFC)	溶融炭酸塩形(MCFC)	固体酸化物形(SOFC)
作動温度[℃]	常温〜90℃	170〜220℃	常温〜140℃	〜650℃	〜1000℃
燃料	純水素	水素(CO_2含み可)	水素(CO_2含み可)	水素、CO	水素、CO
酸化剤	純酸素	空気	空気、酸素	空気	空気
利用可能な化石燃料、合成燃料	水電解あるいは熱化学分解によって得られる水素	天然ガス、ナフサまでの軽質油	天然ガス、ナフサまでの軽質油	石油、天然ガス、石炭ガス、メタノール	石油、天然ガス、石炭ガス、メタノール
電解質	水酸化カリウム水溶液	リン酸水溶液	プロトン交換膜(パーフルオロエチレンスルホン酸樹脂など)	溶融状態のアルカリ炭酸塩(炭酸リチウムと炭酸カリウム)	安定化ジルコニア
電荷担体	OH^{-1}	H^+	H^+	CO_3^{2-}	O^{2-}
電極	多孔質炭素板など	多孔質炭素板	多孔質炭素板	多孔質Ni-Cr焼結体 多孔質NiO板	多孔質Ni箔、In_2O_3、$LaMnO_3$など
触媒	ラネーニッケル ラネー銀	Pt系合金類/C	Pt系合金類/C	不要	不要
単セル出力密度 [W cm^{-2}]	0.4 A×0.9 V (H_2/O_2)	0.3 A×0.7 V	1.2A×0.6V (H_2/O_2) 0.4 A×0.7 V	0.16 A×0.8 V	0.5 A×0.6 V
主な用途	宇宙船等特殊用途 将来の水素エネルギーシステムにおいて有効	オンサイト、分散配置型 中容量火力発電代替	宇宙船等特殊用途 燃料電池自動車 家庭用コジェネレーション	中・大容量火力発電所	中・大容量火力発電所

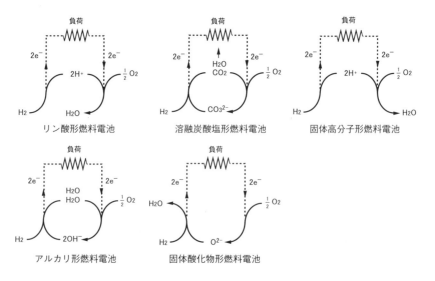

図 11-10 各種燃料電池の燃料電池反応

形、固体酸化物形はそれぞれ中温、高温燃料電池の3つに大別されている。また、それぞれの燃料電池反応の反応式を図11-10にまとめた。

(3) 燃料電池のエネルギー変換
1) 燃料電池のエネルギー変換ダイヤグラム

燃料電池は、水素と酸素を直接反応（燃焼）させるのではなく、アノード反応とカソード反応の2つの電気化学反応に分割して反応させる。電気化学反応は、理想的には可逆的に進行させることができるため燃焼のようなエクセルギー損失が発生しない。

反応が可逆的に進む場合、反応のエンタルピー変化（$-\Delta H$）のうち、反応の自由エネルギー変化（$-\Delta G$）が仕事として、（$-T\Delta S$）が熱として取り出される。

$$-\Delta H = -\Delta G - T\Delta S \qquad (2)$$

すなわち、理想的な燃料電池は、図11-11に示すように、燃料のもつ化学エネルギーを、エクセルギー破壊なく電気エネルギーと熱エネルギーに変換できるコジェネレーターなのである。

燃料電池の理論発電効率 η_{th} は

$$\eta_{th} = \frac{-\Delta G}{-\Delta H} \qquad (3)$$

で表される。これを熱力学的効率という。水素-酸素燃料電池の場合、熱力学的効率は常温で水素のエクセルギー率と同じ83％となる。作動温度が高いほど熱力学的効率は小さくなる。

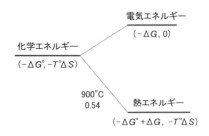

図 11-11 燃料電池のエネルギー変換ダイヤグラム
（右肩の ° は環境温度での値であることを示す）

2）起電力

 燃料電池の取り出しうる最大の電気的な仕事量は $-\Delta G$ に等しく、燃料電池反応の理論起電力 E_{th} は次式で与えられる

$$E_{th} = \frac{\Delta G}{nF} \tag{4}$$

 ここで n は反応に関与する電子の数で、F はファラデー定数である。水素－酸素燃料電池の場合、25℃ では理論起電力は 1.23 V となり、温度が高くなるほど、理論起電力は低下する。

 実際の燃料電池の起電力は、分極と呼ばれる電圧降下により出力電圧は理論電圧より低下する。この出力電圧 E と理論起電力 E_{th} の比を電圧効率 η_E という。分極による起電力の低下を図 11-12 に示した。

 分極は、1）電気化学反応の反応抵抗による活性化過電圧 η_a、2）反応物質あるいは生成物の拡散抵抗による濃度過電圧 η_c、3）内部の電気抵抗による抵抗過電圧 η_o、によって引き起こされる。電流密度を大きくしていくと、抵抗過電圧は電流に比例して増大するが、濃度過電圧は物質移動過程が反応の律速になると急激に大きくなり限界電流を示すようになる。抵抗分極を減らすために、電解質中でのイオン抵抗を減らす、電極および触媒粒子の接触を良くするなどの工夫がなされている。

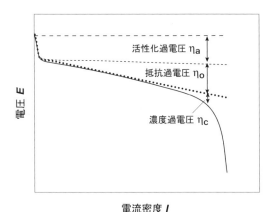

図 11 - 12　燃料電池の過電圧

3）燃料電池のエクセルギー損失

　燃料電池は、コジェネレーターであるため、得られた電気と熱をエクセルギーの観点から総合的に評価する必要がある。例として、実際の発電効率が 55％の固体酸化物形燃料電池（SOFC）を考える。図 11 - 13 のエネルギー変換ダイヤグラムにおいて、エクセルギー破壊がない場合、水素 100 kJ のエクセルギー率は 83％、アネルギー率が 17％なので、熱エネルギーのアネルギーは 17 kJ となる。運転温度が 900℃（エクセルギー率 0.54）とすると、熱エネルギーのエンタルピーは $17/(1-0.54) = 37$ kJ となる。したがって、電気エネルギーが 63 kJ と理論効率は 63％となる。ここで、実際の発電効率は 55％なので、電気エネルギーのうち 8 kJ が過電圧により熱になったと考えられ、エクセルギー破壊は結局、わずか 3.7 kJ となる。実際はもっと低い温度の熱として取り出されるから、エクセルギー破壊はもう少し大きくなるが、燃焼にともなうエクセルギー破壊に比べるとはるかに小さい。

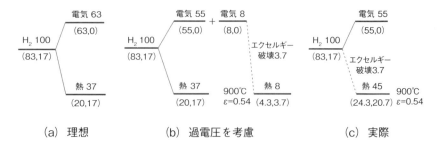

図11-13 固体酸化物形燃料電池のエネルギー変換ダイヤグラム

4）発電効率

　燃料電池の発電効率は、熱力学的効率および分極による電圧効率だけでなく、燃料の利用率、反応率も考慮する必要がある。燃料電池では、燃料のすべてが反応するとは限らず一部は未反応のまま系外に排出される。通常、未反応の燃料は燃焼させて改質反応の吸熱分に供給される。また、副反応が起こる場合もある。このような場合、消費した燃料の量から求められる電流値より実際の電流は小さくなる。この実際の電流 I と理論電流 I_0 の比を電流効率 η_f という。

　そこで、燃料電池の総括の発電効率 η は、熱力学効率 η_{th}、電圧効率 η_E および電流効率 η_f の積となり、次式で表される。

$$\eta = \eta_{th} \times \eta_E \times \eta_f \qquad (5)$$

（4）燃料電池の構造とシステム
1）電極構造

　燃料電池の構造として、1）アノード、カソード両極は電子導電性が高く、電気抵抗が小さい、2）イオン導電性が高く電子導電性が低い電解質と両極が接触しており、電解質中を電荷がイオンによって輸送され

る、3）燃料（水素）および酸素はそれぞれアノード、カソードに供給され、電極（固体）、水素または酸素（気体）、電解質（液体または固体）の三相が接触するいわゆる三相界面でのみ反応が起こる、4）燃料と酸素の直接接触が起こらない、などが求められる。これらを満足させる電極構造として開発されたのがガス拡散電極である。

　図11-14(a)にガス拡散電極の構造を示す。多孔質な固体を電極として用い、セパレータをはさんで電解質と接触させる。電解質は細孔内に浸透しメニスカスを形成する。その部分を中心として触媒を担持させる。図11-14(b)にプロトン移動型の水素－酸素燃料電池のアノード内に輸送現象を示す。多孔質電極の細孔内にメニスカスが形成され、その界面を通って水素が電解質中に溶解し、電極に担持された触媒まで拡散する。触媒表面で電気化学反応が起こりイオンが生成するとともに電子が放出され、電極に流れていく。生成したイオンは反対側のカソードまで拡散・移動し、同様に細孔内の三相界面で電子を受け取り反応する。

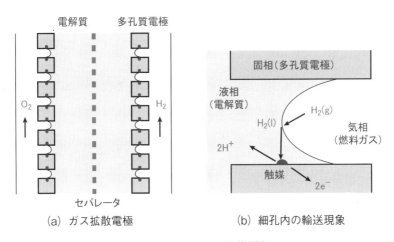

(a) ガス拡散電極　　　(b) 細孔内の輸送現象

図11-14　ガス拡散電極

このガス拡散電極の開発によって、電解質、電極、気体の三者の接触がバランス良くとれ、大きな反応界面積を確保するとともに分極を抑えつつ電流密度を上げることが可能になり、現在のほとんどの燃料電池は基本的には類似の構造の電極が用いられている。

2）スタック構造

電極間の電気抵抗を小さくするため、一般に電極間の距離をできるだけ小さくとった平面構造を1つのセルとして用いる。単電池（セル）の出力電圧はたかだか1V程度なのでこれを数十あるいは数百個直列に積層させスタック（積層電池）とし、これを発電単位として直列および並列に結合して燃料電池を形成する。

図11-15にはリン酸形燃料電池のセル構造を示している。セルはセパレータを介して単セルを積み重ねた構造を取っている。セパレータは電導性の材料でつくられ、各セルの正極はセパレータによって隣接するセルの負極と接続している。また、セパレータの両面には溝が設けられ、一方を燃料ガスが、他方を酸化剤ガスが流れる。スタックとしての燃料電池は、各セルを接触抵抗がないように集積し燃料と酸化剤をうまく連続的に供給するとともに、発生する熱を効率よく回収する仕組みが必要となる。

固体酸化物形燃料電池の場合は、電解質が固体であるため、この電解質の一方の面に多孔質なアノード（燃料極）を、反対の面に多孔質のカソード（酸素極）を焼き付けた構造にしている。電解質にはジルコニア（ZrO_2）に3～10%イットリア（Y_2O_3）を固溶させたものを用いる。アノード材料は触媒性能が高いニッケル粉が用いられる。ニッケルのみでは、高温で焼結しより大きな粒子となる性質があり、多孔質性が失われ燃料が電極内に侵入できないため性能が低下する。また、電解質であるジルコニアと比べて熱膨張率の差が大きいため熱応力により電解質から剥離

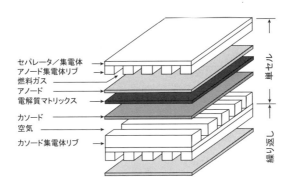

図 11-15　リン酸形燃料電池のセル構造

してしまう。そこで、40 ～ 60% のジルコニアを酸化ニッケル粒子と混合（これをニッケル・ジルコニアサーメットという）し、電解質に焼き付けてアノード層をつくる。カソードには、高温酸素雰囲気下でも安定で電子導電性も高いランタンマンガナイト（$LaMnO_3$）系の材料が用いられている。

　固体酸化物形燃料電池の構造として、平板形と円筒形の2つの形式がある。図 11-16 にウェスティングハウス社（現ウェスティングージーメンス社）が開発した円筒型電極を示す。一本の管が単セルとなっている。押出成形法でつくった直径 22 mm、長さ 1500 mm の空気極であるランタンマンガナイトの多孔質管の表面にジルコニア電解質を EVD 法と呼ばれる方法でつける。さらにその上に、アノードであるニッケル・ジルコニアサーメットの多孔質層をスラリーコート法で形成させる。このようにしてできた1個のセルを何本かバンドルし直列に接続させ集積化する。セル同士を直列あるいは並列に接続するために、インターコネクターと呼ばれる層をつくり、空気極側の電流を取り出す。インターコネクター材料にはランタンクロマイトが用いられている。

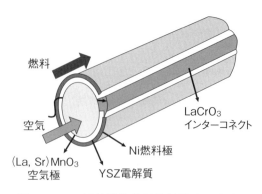

図 11-16　固体酸化物形燃料電池の構造

　固体高分子形燃料電池では、厚さが 20～100 μm の固体高分子膜の両面に厚さが数十 μm の触媒を含んだアノードおよびカソードを張り合わせた膜・電極接合体 (Membrane Electrode Assembly; MEA) と呼ばれるものが用いられている。この MEA が開発されたことにより、電極層全体で反応させることが可能となり触媒の利用率が 1 桁以上向上したといわれる。

3）燃料電池システム

　燃料電池システムの基本構成を図 11-17 に示す。システムは燃料電池本体の他に、天然ガス、灯油などの炭素系燃料を改質して水素を製造し燃料電池本体に供給する燃料供給システム、酸素供給システム、燃料電池で発生した熱を回収すると同時に燃料電池本体を冷却する熱回収・利用システム、燃料電池で得られるのは直流電力であるため、交流に変換する電力変換システム、グリッドと協調しつつ負荷変動に対応させるように燃料電池の運転を制御する燃料電池制御システムなどの要素から構成されている。

　燃料電池の燃料には電気化学的に活性な水素が用いられるため、天然

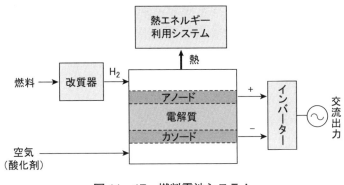

図 11-17　燃料電池システム

ガスや灯油などの化石燃料を水素に改質する必要がある。改質反応は大きな吸熱反応であるため、一般には燃料の一部あるいは未燃ガスを燃焼・部分酸化させその熱を供給する。固体高分子形燃料電池のように触媒被毒や電解質の劣化の問題がある場合は、CO を ppm のレベルに除く必要がある。また、高温で作動する溶融炭酸塩形や固体酸化物形燃料電池は、燃料改質を燃料電池内で行う内部改質方式をとる場合もある。さらに、メタノールを直接燃料として反応させるメタノール直接燃料電池も考えられている。いずれも燃料の供給は負荷変動に対応させる必要がある。

　酸素供給システムも燃料供給システムと同様に電解質や触媒に悪影響を与える CO、SOx、CO_2 などを取り除く必要がある。また、可能であれば純酸素を供給することによってカソードの過電圧を低下させることができる。固体高分子形燃料電池ではアノードおよびカソードのガスを加湿することにより膜の水分管理をする必要がある。

　燃料電池は本質的には電気と熱のコジェネレーターであり、発生した熱を燃料電池本体から効率よく除去するとともに、これを上手に利用す

るシステムが必要である。低温型燃料電池は温水やスチームとして回収し熱利用される。一方、高温型燃料電池の場合は、燃料電池をトッパーとしてガスタービンと組み合わせたコンバインドサイクルなど、熱のエクセルギー率が高いことをうまく利用する仕組みが考えられている。燃料電池本体からの熱回収はアノードあるいはカソードのオフガスから回収する場合と、熱媒体を用いて回収する場合とがある。

燃料電池を電力ネットワークに接続する場合、交流に変換するインバータの他に、負荷を平準化するために二次電池やキャパシタなどの電力貯蔵・平準化システムも必要になる。そして、燃料電池システム全体を制御する制御システムが重要となる。

(5) 燃料電池の応用分野
1) 燃料電池自動車（FCV）

1987年、カナダのバラード・パワー・システム社がデュポンが開発したフッ素系樹脂（Nafion）を電解質膜に用いた固体高分子形燃料電池を開発した。この高分子膜は耐久性に優れていたところから、固体高分子形燃料電池に再び注目が集まることになった。1990年代に入って固体高分子形燃料電池の小型化・高出力化が進み、自動車や民生用途を中心に開発が進められるようになり、世界的な燃料電池自動車の開発競争が起こった。2015年に燃料電池自動車の販売が開始された。

ガソリン内燃機関自動車のエネルギー効率が15～20％と低いのに対して、燃料電池自動車はエネルギー効率が2倍程度（30％以上）にもなるとともに、低負荷時でも高効率が維持できるため、大幅なエネルギー有効利用となる。また、二酸化炭素をまったく排出せず、NOx、SOx、炭化水素、PMなどの大気汚染物質の排出もないことから究極のエコカー、クリーンカーとして期待されている。

燃料電池自動車の燃料は、水素が用いられ、水素の貯蔵法として圧力が 35 MPa あるいは 70 MPa の高圧タンクが考えられている。また、燃料電池自動車の普及には、安価な水素の製造と供給、水素ステーションなどのインフラ整備が不可欠で、これらの開発も進められている。

２）家庭用燃料電池コジェネレーション

燃料電池を用いた家庭用のコジェネレーション（熱電併給）システムで、都市ガス、LP ガス、灯油などから、改質器を用いて水素を取り出し、これを燃料として燃料電池で発電するとともに、排熱を給湯に利用する。燃料電池には、初め固体高分子形燃料電池（PEFC）が用いられたが、最近では固体酸化物形燃料電池（SOFC）が用いられるようになっている。発電出力は 1 kW 程度で排熱出力は 1000〜1300 W 程度である。

３）IGFC

石炭をガス化し、ガス化ガスでコンバインドサイクル発電を行い、高効率化を図ったのが石炭ガス化複合サイクル発電（IGCC）で、さらに燃料電池と組み合わせるのが石炭ガス化燃料電池発電（IGFC：Integrated Coal Gasification Fuel Cell Power Generation）で、石炭をクリーンに高効率で利用することができる。燃料電池には固体酸化物形燃料電池（SOFC）が用いられている。図 11 - 18 に IGFC のプロセスフロー図を示す。SOFC ではアノード側に生成物である水蒸気が排出されるため水素の濃度が希釈されていく。そのため燃料利用率を 100％にするのは困難で、コストを考慮すると、SOFC の燃料利用率は 70％程度にとどめ、30％の未燃のガス化ガスはガスタービンに送られ燃焼し電力に変換される。ガスタービンおよび SOFC からの排熱は排熱回収ボイラーでスチームとして回収され、スチームタービンで電力に変換される。SOFC、ガスタービンおよび蒸気タービンの出力を合わせて送電端効率で 55％が期待されている。

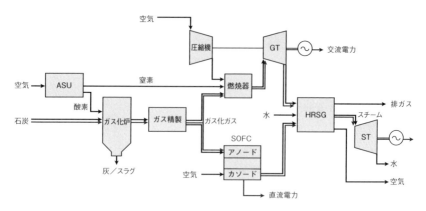

図 11-18　IGFC のプロセスフロー図

12 | 原子力エネルギーと核融合

寺井隆幸

《目標&ポイント》 原子力発電の仕組み、原子力発電所の安全性、核燃料サイクルと放射性廃棄物、放射線の人体影響とその管理など、原子力発電の現状と課題を中心に解説する。さらに、次世代の原子力システムとして注目される小型モジュール炉、高温ガス炉、高速増殖炉および核融合炉について、研究開発の現状と今後の展望を述べる。最後に、今後の原子力を考える上での論点をまとめる。
《キーワード》 原子力発電、核燃料サイクル、放射性廃棄物、高温ガス炉、高速増殖炉、核融合炉

1. 原子力発電とは

(1) 核反応と原子力エネルギー

　原子は原子核と電子から構成され、原子核は陽子と中性子から構成される（図12-1）。原子のサイズが 10^{-10} m 程度であるのに対して、原子核のサイズは 10^{-14} m 程度であり、非常に小さく、そこに原子の質量の大部分が集中している。原子核の質量は、それを構成する陽子や中性子がバラバラの状態にあるときの質量の和よりも小さくなっており、両者の質量の差（Δm）を質量欠損という。質量欠損とは、陽子や中性子が集まって原子核を構成した結果、$E = \Delta mc^2$（c は真空中の光速度で 3×10^8 m/秒）のエネルギーが減少したことを意味しており、これを原子核の結合エネルギーという。2つの原子核 A、B が核反応して、新たに原

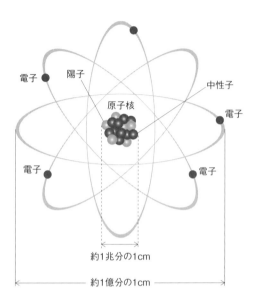

図12-1　原子の構造 [1]

図12-2　核融合と核分裂

子核 C、D、…が生成される場合、原子核 A、B の質量の和が、生成物 C、D、…の質量の和より大きいとき、それらの質量差に相当するだけのエネルギーが放出される。これが核反応にともなうエネルギー、すなわち原子力エネルギーである。原子力エネルギーを生み出す反応には、軽い原子核同士を衝突させる核融合反応と、重い原子核の分裂による核分裂反応がある（図 12-2）。石炭の燃焼のような化学反応による 1 分子当たりの発生エネルギーに比べると、1 核反応当たりの発生エネルギーは 100 万倍以上にもなる。

　原子力発電では、原子炉内での核反応で発生したエネルギーを、冷却材により熱エネルギーとして取り出し、力学エネルギーを経て（タービン）、発電機で電気エネルギーに変換する。熱エネルギーの取り出し以降は火力発電の原理と同じである（図 12-3　口絵）。

　原子力発電で実用化されているのは核分裂反応を利用した原子炉である。核分裂反応を起こす物質は、吸収する中性子のエネルギーの大きさにより分裂する程度（核分裂断面積）が異なる。冷却材と熱平衡状態にある低いエネルギーの中性子（熱中性子）を吸収して核分裂しやすい物質（核分裂性物質）には、現在主流の熱中性子炉の核燃料として用いられるウラン 235 がある。ウラン 235 の中性子による核分裂では、1 回当たり約 200 MeV のエネルギーが放出される。熱中性子炉のなかでも、冷却材に軽水（H_2O）を用いる軽水炉は、世界で最も広く利用されている原子炉である。核分裂反応により発生する中性子は大きなエネルギーをもつ（高速中性子）が、軽水には中性子を減速させ、熱中性子にして再び核分裂反応に寄与させる効果もある。ウラン 235 の熱中性子による核分裂により 2〜3 個の中性子が放出される。このうち 1 個が次の核分裂反応を起こし、これが次々と起こるのが連鎖反応である（図 12-4）。ここで、単位時間当たりの核分裂回数が一定に保たれている状態を臨界

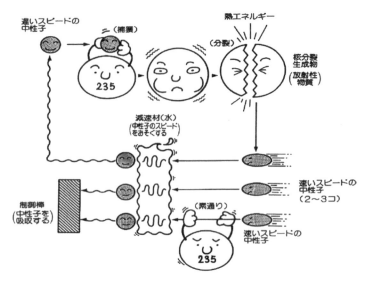

図12-4 核分裂連鎖反応の仕組み

という。

　原子炉で使用されるウラン燃料は二酸化ウラン(UO_2)というセラミックペレットの形で用いられる。これをジルコニウム合金製の燃料被覆管に封入して燃料棒とし、それを束ねて燃料集合体という形に製作したもの（図12-5　口絵）数百体を原子炉中に装荷することにより原子炉心を構成する。核分裂反応は燃料棒内に収められたUO_2ペレット中で起こり、熱と核分裂生成物を発生させる。このうち、熱は速やかに除去回収する必要があるが、放射性物質である核分裂生成物（ヨウ素131やセシウム137など）は閉じ込める必要がある（図12-6）。なお、原子炉の運転制御は中性子を吸収する能力の大きな物質でできている制御棒の出し入れや、原子炉の自己制御性を兼ね備えた運転制御システムにより行われる。

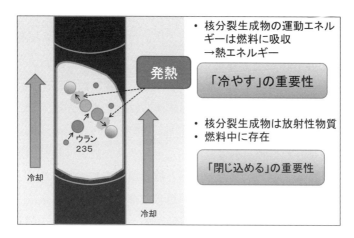

図 12-6　燃料棒内における核分裂

軽水炉には、沸騰水型炉（BWR）と加圧水型炉（PWR）がある（図12-7　口絵、図12-8　口絵）。BWRでは、原子炉で直接蒸気（約280℃、約70気圧）を発生させて、その蒸気をタービンに直接送る。一方、PWRでは、原子炉の炉心を流れる高温高圧（約320℃、約150気圧）の1次冷却水を蒸気発生器に通して熱交換し、2次側を流れる水を蒸発させて生成した蒸気をタービンに送る。

我が国では、1970年に米国からの導入以来、自主開発を推進し、製造から運転保守に至る管理面での信頼性向上に努めてきた。1980年代には、我が国の軽水炉改良標準化計画が行われて国産化が進められた。さらには、改良型沸騰水炉（ABWR）、改良型加圧水炉（APWR）が開発され、すでに原子力発電所において設計・建設・運転が行われている。

なお、核分裂発電炉には、軽水炉の他、重水減速冷却炉（CANDU炉）、黒鉛減速CO_2ガス冷却炉、黒鉛減速軽水冷却炉などがある。

（2）原子力発電所の安全性

　原子力の安全の基本は「人と環境を放射線の有害な影響から防護すること」である。原子力発電所の安全確保はIAEA基準においては深層防護の考え方（表12-1）に基づいているが、我が国では図12-9に示すような深層防護の第1～3層に対応することに主眼が置かれ、過酷事故対策（第4層）や防災対策（第5層）が不十分であった。いったん、原子炉で使用された核燃料は、内部に生成された放射性核種の崩壊により運転停止後も長期間にわたって熱と放射線を出し続けるため、軽水炉の安全を考える上では、冷却水が不足して冷やせなくなる事故（冷却水喪失事故）が極めて重要であり、そのため、非常用炉心冷却装置などの安全設備が設置されている。

　しかし、福島第一原子力発電所の事故では、地震により外部電源が失われた後に来襲した津波により非常用電源も含めた全電源が失われ、冷却ポンプが作動しなくなったため、事故対策の基本である、「止める」、「冷やす」、「閉じ込める」のうち、「冷やす」「閉じ込める」ができず、事故の進展を止めることができなかった（図12-10　口絵）。

表12-1　原子力発電の安全性（深層防護）

防護層	目的	手段
第1層	異常運転、故障の防止	余裕のある設計、品質保証、保守、点検
第2層	異常運転の制御、故障の検出	早期事象収束、異常の早期検出
第3層	設計基準事故の制御	工学的安全施設、事故時手順
第4層	事故進展の防止、シビアアクシデントの影響緩和	補完的手段、アクシデントマネジメント
第5層	放射性物質の重大な放出による影響の緩和	サイト外の緊急時対応

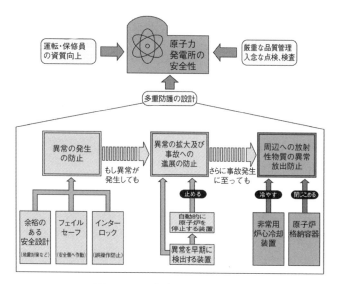

図 12-9　安全確保の仕組み

　そこで、平成 24 年度に新たに原子力規制委員会が設置され、第 5 層までを取り入れた安全対策や、地震、津波などの外的事象に対する対策の追加ないし強化などにより安全確保に対する考え方が見直された。その結果、原子力発電所の安全性を高める取り組みが新規制基準として制定（図 12-11）され、それに基づいた審査が行われている。そして、新たな追加の安全対策（図 12-12　口絵）を施すことにより、この審査に合格したプラントのみが、地元の合意を得て再稼動することになっている。

　なお、福島第一原発の廃炉については、表 12-2 に示すようなロードマップが作成されており、汚染水の対策や溶け落ちて固まった燃料（燃料デブリという）の取り出し対策など、約 30 年後の廃止措置完了に向けた作業が続けられている。

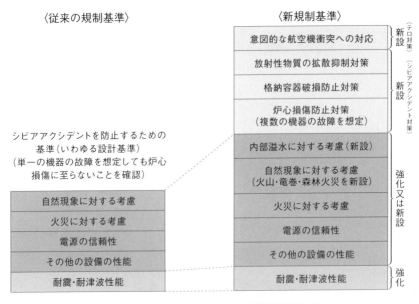

図 12-11 原子力発電所新規制基準 [1]

表 12-2 中長期ロードマップの期間区分

	2011年12月	2013年11月	2021年12月〜	30〜40年後
安定化に向けた取り組み（ステップ1,2完了）	第1期 (完了)	第2期	第3期	
● 冷温停止状態の達成 ● 放射性物質放出の大幅な抑制	使用済燃料プール内の燃料取り出し開始までの期間 目標：ステップ2完了から2年以内	燃料デブリ取り出しが開始されるまでの期間 目標：ステップ2完了から10年以内 ・号機ごとの燃料デブリ取り出し方針の決定（2017年目処） ・初号機の燃料デブリ取り出し方法の確定（2018年度上半期） ・初号機の燃料デブリ取り出しの開始（2021年内）	廃炉完了までの期間 目標：ステップ2完了から30年〜40年後	

なお、IAEAの予測によれば、2030年までに世界の原子力発電所の設備容量は、約1.9%〜56%増加し、特にアジアや東欧で大きな伸びが予想されるとされている（図12-13　口絵）。

2. 核燃料サイクルと放射性廃棄物

（1）核燃料サイクル

　原子力発電は核燃料のフローとして表現される「核燃料サイクル」の中に位置づけられており、これはウラン鉱山の採鉱から核燃料加工までを行うフロントエンドと、原子力発電システム、および、発電後の使用済燃料の再処理から廃棄物の処理・処分までを行うバックエンドから構成される（図12-14　口絵）。フロントエンドではウラン鉱石からウランを精製した後、ウラン235の同位体濃度を天然存在率の0.7%から原子炉で使用される3〜5%に濃縮後、UO_2にして燃料ペレット、燃料棒を作る。

　原子力発電では、発電により装荷した核燃料が100%完全に核分裂するわけではない。使用済み燃料中には、核分裂によって生成した核分裂生成物、未反応のウラン235やウラン238、ウラン238が中性子と反応して生成したプルトニウムなどが含まれる。これらのウランやプルトニウムを分離・回収（再処理という）して、MOX（ウランプルトニウム混合酸化物）燃料として加工し、再び原子炉の燃料として発電に利用することができる（図12-15　口絵）。図12-16（口絵）に示す再処理工程でウランやプルトニウムを分離した残りは、核分裂生成物を主成分とする高レベル放射性廃棄物になる。我が国では、海外委託再処理および国内再処理工場より発生するプルトニウムの軽水炉における再利用（プルサーマル）を行うことを目指している（図12-17）。

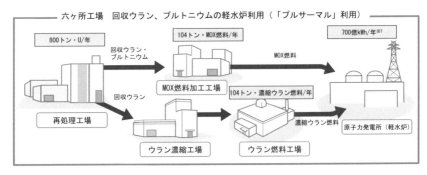

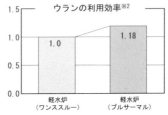

※1：700億kWhは、電気出力100万kWの原子炉10基を1年間運転した時の発電量に相当する…出典（1）
※2：高速炉サイクルの実用化によるプルトニウム利用によりウラン利用効率を約30倍に高めることが期待される……出典（2）

出所：(1) 原子力委員会新計画策定会議（第5回、第7回、第8回）資料（平成16年）
　　　(2) NEA「URANIUM2003」

図12-17　ウラン資源のリサイクル利用（資源の有効活用）

（2）放射性廃棄物の種類

　一般に放射性廃棄物は、発生源と放射性物質の種類や濃度により、高レベル放射性廃棄物と低レベル放射性廃棄物に大別される（表12-3）。

　高レベル放射性廃棄物中には、放射能レベルや半減期の異なる様々な放射性物質(核種)が混在しているが、その放射能が人間の生活環境に影響をおよぼさないレベルになるまでに数万年を要するため、長期にわたって人間環境から隔離して安全性を確保することが必要である（図12-18）。一方、低レベル放射性廃棄物の多くは、人間の管理が可能である期間（数百年間）内に、人間環境に影響を与えないレベルにまで放

射能の減衰が期待できるものが多い。

表12-3　放射性廃棄物の種類 [1]

廃棄物の種類		廃棄物の例	発生場所	処分の方法（例）
低レベル放射性廃棄物	発電所廃棄物	放射能レベルの極めて低い廃棄物	コンクリート、金属等	原子力発電所	トレンチ処分
		放射能レベルの比較的低い廃棄物	廃液、フィルター、廃器材、消耗品等を固形化		ピット処分
		放射能レベルの比較的高い廃棄物	制御棒、炉内構造物		中深度処分
	ウラン廃棄物	消耗品、スラッジ、廃器材	ウラン濃縮・燃料加工施設	中深度処分、ピット処分、トレンチ処分、場合によっては地層処分
	超ウラン核種を含む放射性廃棄物（TRU廃棄物）	燃料棒の部品、廃液、フィルター	再処理施設、MOX燃料加工施設	地層処分、中深度処分、ピット処分
高レベル放射性廃棄物		ガラス固化体	再処理施設	地層処分
クリアランスレベル以下の廃棄物		原子力発電所解体廃棄物の大部分	上に示した全ての発生場所	再利用／一般の物品としての処分

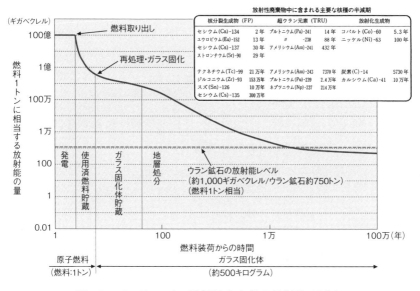

図12-18　高レベル放射性廃棄物の放射能の減衰

(3) 放射性廃棄物の処分

　放射性廃棄物は、放射能レベルや種類に応じた深度や障壁を選んで、浅地中処分、余裕深度処分、地層処分に分けて処分が行われる（図12‒19　口絵）。浅地中処分は、深さ2メートル程度の場所に人工構造物を設置することなく埋設し数十年間管理を行う浅地中トレンチ処分と、深さ4〜9メートル程度の場所にコンクリートピットを設置して埋設し数百年間管理を行う浅地中ピット処分がある。余裕深度処分は、十分余裕をもった深さ50〜100メートル程度に、コンクリートピットと同等以上の機能を持つ人工構造物を設置して埋設し、数百年間管理を行う。

　地層処分は主に高レベル放射性廃棄物に対して行われる。高レベル放射性廃棄物は、ガラス原料を混ぜて1100〜1200℃程度で溶融し、ガラス固化体に固化した後、ステンレス製の容器に封入される（図12‒20　口絵）。廃棄物を人工バリアで覆い、さらに、天然の障壁（天然バリア）により人間環境から十分に離れた深さ300メートル以上の安定した深地層中に処分する。ガラス固化体に対しては、30〜50年間ほど冷却貯蔵した後、人工バリアとして厚さ20センチメートルほどの炭素鋼製の容器（オーバーパック）と粘土の一種であるベントナイトを緩衝材として用いる（図12‒21　口絵）。

　高レベル放射性廃棄物の地層処分の技術的信頼性および安全評価手法については、日本原子力研究開発機構（JAEA）を中心に、岐阜県土岐市や北海道幌延町などで深地層の研究施設等を活用した研究開発が進められている。また、東日本大震災による地質への影響などを踏まえた技術的再評価や、処分場選定等の廃棄物処分の進め方全体について協議が行われている。これまでに、国により、地層処分に関係する地域の科学的特性を既存の全国データに基づいて一定の要件・基準に従って客観的

に整理して全国地図の形で示した「科学的特性マップ」が示されており、今後は図12-22に示すようなプロセスでサイト選定が進められることになっている。

　なお、放射性廃棄物の処分においては、再処理を行わないで、使用済み核燃料をキャニスターに入れたまま地層処分する計画を持っている国（フィンランドやスウェーデンなど）もある。この場合には、再処理にかけるコストは必要なくなるが、使用済み燃料集合体がそのまま高レベル放射性廃棄物相当という扱いになり、放射能の減衰速度が遅く、また処分場の面積も大きくなるので、検討にあたっては注意が必要である。

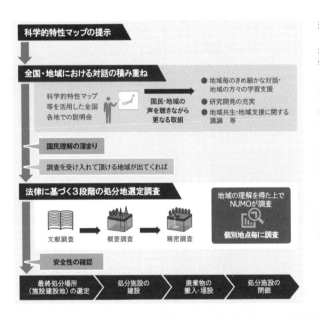

科学的特性マップは、それぞれの地域が処分場所として相応しい科学的特性を有するかどうかを確定的に示すものではない。処分場所を選定するには、科学的特性マップには含まれていない要素も含めて、法律に基づく3段階の調査（処分地選定調査）をしていく必要がある。
「好ましい特性が確認できる可能性が相対的に高い」地域は、将来的に処分地選定調査の対象になる可能性があると整理されている。

図12-22　「科学的特性マップ」提示後の処分地決定プロセス

3. 放射線の人体影響とその管理

　原子力の安全性を考える上では、核燃料物質や放射性廃棄物から放出される放射線の人体影響を考えることがきわめて重要である。一般的に、放射線の人体への影響については、身体的影響と遺伝的影響に分けて考えられている（図 12-23）。身体的影響のうち、急性障害、白内障等については線量の閾値がある「確定的影響」とされ、一方、がんや白血病、遺伝的障害については、「確率的影響」とされ、閾値がないと仮定して、評価が行われている。確定的影響については、閾線量以下に抑えることで影響をなくし、確率的影響については、合理的に達成できるかぎり線量を低くする（As Low As Reasonably Achievable）ことで影響を少なくするという対応が取られている（図 12-24）。

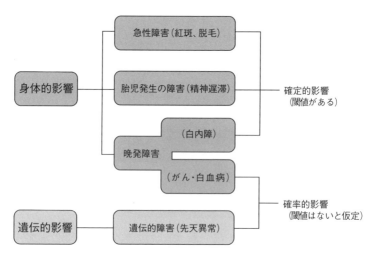

出所：（財）放射線影響協会「放射線の影響がわかる本」

図 12-23　放射線の人体への影響

確定(非確率)的影響は、閾線量以下に抑えることで影響をなくす。
確率的影響は、できるだけ線量を低くすることで影響を少なくする。

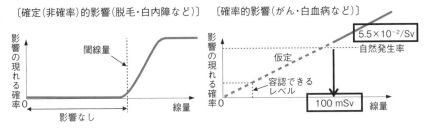

(注) 閾値…ある作用が反応を引き起こすか起こさないかの境の値のこと。

図12-24　放射線防護の考え方

　比較的短時間に被ばくした時に見られる急性の放射線影響（確定的影響）については、図12-25に示されているが、実際の放射線作業従事者の被ばく線量の上限値は、これらの閾値よりも低く設定されている。なお、一般公衆に対する通常時の線量限度は1 mSv/年とされており、きわめて低い値である。

　実は、自然界にも放射性物質は存在し、地中や食物、空気中に含まれる放射性物質から、日常的に、我々は世界平均で2.4 mSvの放射線被ばくを受けているといわれている。なお、世界的には住民が普通に暮している場所で年間の被ばく線量が10 mSvを越える地域も存在する（図12-26　口絵、図12-27　口絵）。

　また、医療ではX線CTスキャンやがん治療など自然状態と比べて大量の被ばく量を受ける場合もある。

　低線量の被ばくを受けるときに重要になるのは、確率的影響であり、この場合には、影響に線量の閾値がないと仮定する。確率的影響のうち遺伝的障害についてはヒトにおいて確認されていないため、発がんが重要な関心事となっている。被ばく量による発がん確率増加のイメージを

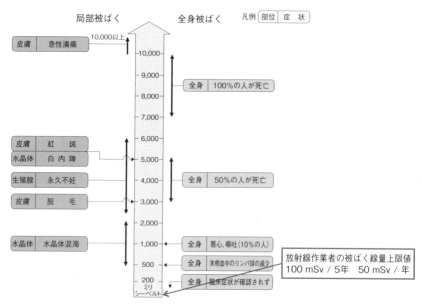

(注)一般の人の線量限度1.0 mSv/年、原子力発電所周辺の線量目標0.05 mSv/年

出所：ICRP Pub.60　他

図 12-25　急性の放射線影響

表したものが（図 12-28　口絵）である。放射線以外にも発がん率を増加させる要因が多数存在するため、疫学的調査を行っても、100 mSv以下の線量領域では発がん確率の増加は確認されていない。しかしながら、100 mSv以下であっても、発がん確率はゼロではないという仮定の下に評価を行うことになっている。

　福島第一原発被災地域のうち 20 mSv/年以下の場所は避難指示解除準備区域とされ、帰還に向けた準備が進められているが、この 20 mSvは事故収束後の「現存被ばく状況」の上限値とされ、通常時の値である 1 mSv を目指す過程であるとされている。計算上は 20 mSv で発がん率

表 12-4 身の回りのがん死亡率増加因子の放射線換算量

放射線の線量 「ミリシーベルト／短時間1回」	がんの相対リスク 「倍」		生活習慣因子
1000 – 2000	1.8		
		1.6	喫煙者
		1.6	大量飲酒（毎日3合以上）
500 – 1000	1.4		
		1.4	大量飲酒（毎日2合以上）
200 – 500		1.29	やせ（BMI<19）
		1.22	肥満（BMI ≧ 30）
	1.19		
		1.15 – 1.19	運動不足
		1.11 – 1.15	高塩分食品
100 – 200	1.08		
		1.06	野菜不足
		1.02 – 1.03	受動喫煙（非喫煙女性）
100 以下	検出困難		

出所：国立がん研究センター（https://www.ncc.go.jp/jp/other/shinsai/higashinihon/cancer_risk.pdf）

は 0.1％上昇することになるが、身の回りに発がん率を向上させる要因が多数存在すること（表 12-4）、日本人の約半数ががんになり、全体の 1/3 ががんで亡くなるという現実を踏まえると、あまり神経質になるのは考えものであるといえる。

　一般的に、リスクを考えるときには身の回りの健康リスク（道路交通・船舶・鉄道・航空機事故、大気中の汚染物質、ガス事故、直接・受動喫煙）や産業生活におけるリスク（林業・漁業・工業・建設業・運輸業・製造業・電気ガス水道等の供給事業に内在する健康リスク）も合わせて考え、合理的に社会全体のリスクを下げることを検討することが重要である。

4. 次世代の原子力エネルギー技術

　発電用原子炉の開発は、1950年代に第1世代が運転開始されてから継続して行われてきた。初期の我が国の原子力発電所は第2世代炉であり、現在の最新型原子炉は第3世代プラス世代炉である。さらに、2030年以降の次世代原子炉として第4世代炉の開発が進められている（図12 - 29　口絵）。

（1）小型モジュール炉

　次世代軽水炉開発は大出力の炉を目指しているが、地域によっては百万kWないし50万kW以下の電気出力の中・小型炉が適している場合がある。離島や人口が少ない地域など、送電網の発達していない場所においては、原子炉を小型化・モジュール化することは魅力的であり、軽水炉、高速炉、高温ガス炉、溶融塩炉について、研究開発が行われている。とりわけ、燃料交換なしに30年間以上稼働することが可能な小型炉・長寿命炉が注目されている。これらは実用化に近いものもあれば基礎的な概念検討レベルのものもある。PWR型、BWR型の中・小型炉については、これまでの開発の経験が活かせるため、具体的な提案や検討が多い。

（2）高温ガス炉

　高温ガス炉も次世代の原子炉の1つとして注目されている（図12 - 30　**口絵**）。

　高温ガス炉は、軽水炉と比較して、800〜950℃という非常に高い温度の冷却材が得られるので、タービンを介して発電する場合、45〜50％という高い発電効率を得ることができるうえに、固有の安全特性を

もつことから、次世代の原子炉として注目されている。また、高温の熱は、水素製造に活用したり、他の工業プロセスにも熱源として広く利用したりすることができるので、発電に限定された従来の原子力エネルギーの利用範囲を大きく広げる可能性がある。

高温ガス炉に用いられる燃料は、セラミックスで覆われていて耐熱性が高く、1600℃以上の高温でも健全性が保たれる。さらに、燃料の外側で中性子の減速材として用いる黒鉛は大きな熱容量をもつため、異常時および事故時における炉の温度上昇速度を低く抑えることができる。冷却材には、化学的に不活性なヘリウムを用いることで、安全性を高めている。世界的には、現在、我が国と中国で研究開発が進んでいる。

（3）高速増殖炉

高速増殖炉の燃料には、核分裂しやすいプルトニウム239と核分裂しにくいウラン238を混ぜた高速増殖炉用のMOX燃料を使用する。プルトニウム239が高いエネルギーの中性子（高速中性子）1個を吸収して核分裂する場合、平均して2.8個の中性子が新たに発生する。ウラン238は、中性子を吸収するとウラン239を経てプルトニウム239になる。炉の設計により燃焼で消費される以上に生成されるプルトニウムが多い、すなわち燃料を増殖する炉を作ることができる（図12-31　口絵）。

高速増殖炉では、中性子を減速させる減速材が不要である。また、核分裂反応により発生するエネルギーの密度が高いため、冷却能力に優れた冷却材が必要であり、液体ナトリウム（融点98℃）の使用が考えられている。しかし、ナトリウムは化学的活性が高いので扱いには十分な注意が必要である（図12-32　口絵）。

我が国では、1977年に実験炉「常陽」が初臨界を達成し、運転実績を蓄積するとともに、高速中性子照射施設として広く研究活動に利用さ

れている。さらに、高速増殖炉の実用化を目指して開発された原型炉「もんじゅ」は、1985 年に建設が開始され 1994 年に初臨界を達成した。しかし、「もんじゅ」は、事故やトラブルが重なったことや、福島第一原子力発電所の事故を受けた原子力政策の見直しが行われる状況の中で、廃炉が決定した。とはいえ、我が国では、核燃料サイクルおよび高速炉の研究開発は堅持することになっており、高速炉では、プルトニウム増殖のみならず、炉心の構成によっては、超寿命の超ウラン元素（TRU）を核分裂等の反応により短寿命化できる（核変換処理）という特徴を有するので、今後の研究開発方針についての議論が行われている。高速炉の研究開発は、現在、ロシア、中国、インド、フランスなどで継続して行われているが、フランスとの共同研究開発の可能性についても検討が行われている。

　なお、核変換処理については、高速炉による方式のみならず、高エネルギー加速器を用いた方式や、第 4 世代炉の 1 つである溶融塩炉を用いた方式なども提案されており、研究開発が行われている。さらには、上記のウラン－プルトニウムサイクルとは別のサイクルとして、トリウム 232 を原料として生成するウラン 233 を核燃料として用いるトリウム－ウランサイクルの研究も行われている。

（4）核融合炉

　軽い原子核同士が衝突して重い原子核になる核融合反応で発生するエネルギーを利用するのが核融合炉発電である。核融合炉では、中性子 1 個と陽子 1 個からなる重水素（^{2}H：D と書く）と、中性子 2 個と陽子 1 個からなる三重水素（^{3}H：T と書く）が衝突して、ヘリウム 4（^{4}He）と中性子を生成する反応（D-T 反応）が比較的低い温度で起こるので注目されている。この D-T 核融合反応で発生するエネルギーは 17.6 MeV

である。

　核融合反応を起こすためには、1億℃を超える超高温状態を作り出す必要がある。この温度では、原子がイオンと電子に解離して運動する「プラズマ」という状態になるが、そのようなプラズマ状態を維持する（閉じ込める）ために、磁場や慣性を利用する。このうち、前者の方式が磁場閉じ込め方式であり、後者が慣性閉じ込め方式（レーザー爆縮核融合ともいう）である（図12-33　口絵）。現在実用化を目指している核融合プラズマ閉じ込め方式は前者のもので、その中でもトカマク型と呼ばれる方式が主に研究開発の対象となっている。

　核融合発電では、プラズマ状態にした炉内に燃料である重水素と三重水素を注入し、重水素イオンと三重水素イオンの衝突により核融合反応を起こさせる。反応で発生した高エネルギーのヘリウムは陽イオンとなりプラズマの加熱に使われ、最終的に排気される。一方、高エネルギーの中性子は電荷をもっていないので磁場では閉じ込めることができず、プラズマを取り囲んで設置されているブランケットのところまで出てくる。ブランケットは、リチウムを含む増殖材、冷却材、構造材等で構成されるが、このうち増殖材は中性子と反応して燃料となる三重水素を生成する。また、ブランケット中では、中性子がもつ運動エネルギーが熱エネルギーに変換された後、冷却材により回収され、蒸気発生器を経てタービン発電機に送られる（図12-34　口絵）。

　現在、核融合炉の研究開発は、国際協力による国際熱核融合実験炉（ITER）の建設が行われている段階である。我が国もこの計画に参加し、マグネットや加熱機器など重要な機器の製作を受け持っている。また、核融合炉を実用化するためには、さらなる高性能のプラズマの研究開発やプラズマの制御能力の向上、高温高磁場高線量下で性能を維持するための材料開発、増殖・発電ブランケットの開発など、克服すべき多くの

課題があり、電力生産を目的とする原型炉の設計やそのための研究開発が、ITER 計画と並行して、「幅広いアプローチ活動」という名称の日欧共同プロジェクトとして我が国で行われている（図 12 - 35　**口絵**）。

核融合炉は高レベル放射性廃棄物が発生しないこと、負のフィードバックが大きく核暴走がないこと、核物質の軍事転用の可能性が低いこと、燃料資源（重水素とリチウム）が地球上に広く存在していることなどにより、21 世紀後半以降の有力なエネルギー選択肢になりうるものと期待されている。

5. 今後の原子力を考える上での論点

最後に、今後の原子力のあり方を考える上で重要ないくつかの論点を指摘しておきたい。原子力には様々な長所があるが、同時にいくつかの課題も残されている（表 12 - 5）。

まず、第一の長所としては、エネルギー資源の確保（エネルギーセキュリティ）ということが挙げられる。よく知られているように、石炭・石油・天然ガスなどのいわゆる化石エネルギーはその資源の有限性が指摘されており、また、その資源のほとんどを海外からの輸入に頼っている。その結果、我が国のエネルギー自給率は、原子力を除くと 5％程度となっており、これは、欧米先進国と比べるときわめて低い値（OECD 34 か国中 33 位）である（図 12 - 36）。原子力エネルギーは、ウラン資源こそ海外からの輸入に頼っているが、その輸入元が政治的に安定した国々であることや、いったん、原子炉内で使用した核燃料は国産資源とみなせることから、我が国のエネルギー自給率の向上に大きく貢献できると考えられる。

さらに長所としては、CO_2 発生量が少ないことや発電コストが安いこと、天候等の影響を受けず、24 時間安定的に電力を供給できることが

表12-5 原子力を考える上での論点

長所	課題
エネルギー資源の確保	安全性の確保 リスクについての考え方
エネルギー自給率の向上	放射性廃棄物の処理処分
環境負荷低減 (CO_2放出量の削減)	核燃料サイクル（再処理、高速増殖炉、Pu利用）をどう考えるか
経済性 （原子力はコストが安い）	

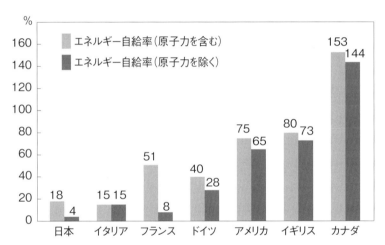

出所：ENERGY BALANCES OF OECD COUNTRIES 2010

図12-36 主要国のエネルギー自給率

挙げられる。

　一方、課題としては、安全性の確保が第一であり、そのための十分な安全基準の策定とその遵守ということが最重要であると考えられるが、どこまで安全性を高めれば「十分に」安全といえるのか、社会における

他の事柄との「リスク」比較において、十分な議論・検討を行うことも大切であろう。さらには、どのようにすれば、一般の方々の「安心」を確保できるのか、「安全」というある程度数値化できるものと「安心」という感情的なものをどのように整理してゆけるのか、リスクコミュニケーションや社会的受容性の観点からの検討も重要となろう。

また、原子力発電にともなって必然的に発生する放射性廃棄物の処理処分に関しては、次世代にツケを残さないように十分な検討を行って対策を講じることが必要であり、そのための国・事業者・市民の間での十分な議論と合意形成が必須である。

現在、将来のエネルギーシステムのあり方についての検討の中で、再処理・次世代原子力システム・プルトニウム利用についての議論が行われつつあり、理想論ではなく、リアリティーかつ整合性のある研究開発の実施が期待される。

引用文献

[1]「原子力・エネルギー図面集」、一般財団法人日本原子力文化財団.

参考文献

[1] 大山彰、「現代原子力工学」、オーム社 (1985).
[2] ラマーシュ著、澤田哲夫訳、「原子核工学入門（上）、（下）」、ピアソンエデュケーション (2003).
[3] 岡嶋成晃、久語輝彦、森貴正著、「原子力教科書　原子炉物理学」、オーム社 (2012).
[4] 長崎晋也、中山真一著、「原子力教科書　放射性廃棄物の工学」、オーム社 (2011).
[5] 関昌弘、「核融合炉工学概論—未来エネルギーへの挑戦」、日刊工業新聞社 (2001).
[6] マレー著、矢野豊彦監訳、「原子力学入門」、講談社 (2015).
[7] 山名元、髙橋千太郎総合編集、「原子力安全基盤科学①〜③」、京都大学学術出版会 (2017).

13 | エネルギーの有効利用と省エネルギー

岩船由美子

《目標＆ポイント》 本章では、日本におけるエネルギー需給を俯瞰し、将来必要とされる省エネルギーレベルや、それを実現するためにどのような省エネルギー・二酸化炭素排出量削減が実現可能かについて整理・考察する。

《キーワード》 エネルギー有効利用、サービス量、エネルギーバランスフロー

1. はじめに

省エネルギーとは、エネルギーをいかに有効に利用するか、ということであるが、一般的には、我慢や無理を強いるようなイメージがついている。正しい「省エネルギー」の在り方を考えるために、まずは省エネルギーというものを定義しておこう。

エネルギー消費量は次の式で決まる。

エネルギー消費量
＝実現されるサービス量①×単位サービス量当たりに必要なエネルギー消費量②

さらに、①は２つに分けられる。

エネルギー消費量
＝（効用の増加に寄与するサービス量①'＋効用の増加に寄与しないサービス量①''）×単位サービス量当たりに必要なエネルギー消費量②

省エネルギーをするためには、各項の値を削減すればいいのであるが、重要なことは、②、①''、①'の順に取り組むべきである、ということである。

　②を減らすということはエネルギー利用効率の改善ということであり、建物の断熱性能向上、家電・業務用機器の省エネ、高効率ボイラー・給湯器の導入、自動車の燃費改善などの対策が含まれる。これこそが省エネルギーの第一義であり、政策的にも介入しやすい分野である。そして①''の削減は、使っていない部屋の照明を消す、タスクアンビエント空調などのいわゆる無駄なエネルギー消費を減らす対策である。何が効用の増加に寄与するかしないのかは、世帯・事業体によって異なるので、横並びに評価することが困難であるが、それなりのポテンシャルはある。ただし、家庭部門でいえばライフスタイル等の問題と密接に関わるため、規制などによる対応は困難である。そして①'の削減は、いわゆる我慢の省エネルギーにあたり、エレベータを止めたり、エアコンを止めて扇風機を使用すること、などが含まれる。震災後のような非常時は別として、基本的に②あるいは①''の削減で省エネルギーは進めるべきである。

　同様の整理を環境省が実施している。二酸化炭素排出量（CO_2）排出量の構造を図13-1の分解式で表現し、各項目における低炭素関連技術を整理・分類している。このように各項目ごとに対策を切り分けて考えていくことで、網羅的に、実行可能性も考えつつ省エネルギーあるいはCO_2削減対策を検討していくことができるのである（図13-2）。

　現在のエネルギーの使われ方、将来どのようなレベルの省エネルギーが期待されているのか、そして、どのような省エネルギーが可能なのか、②を中心に考えてみたい。

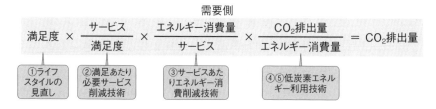

出所：環境省 2013 年以降の対策・施策に関する検討小委員会技術 WG とりまとめ（平成 24 年 4 月 19 日）

図 13-1　CO_2 排出量の分解式（需要側）

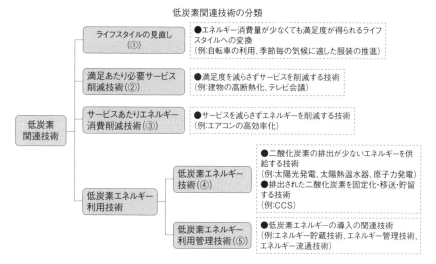

出所：環境省 2013 年以降の対策・施策に関する検討小委員会技術 WG とりまとめ（平成 24 年 4 月 19 日）

図 13-2　低炭素関連技術の分類

2. 省エネルギーバリア

　図13-3は、我が国の中期目標設定の材料として2009年に日本エネルギー経済研究所が試算したCO_2削減対策の限界費用曲線ポテンシャルである。少し古い資料ではあるが、実はこれ以降あまりこのような議論は包括的にはなされていない。限界費用とはCO_2を追加的に1t減らすときに必要な費用であり、この図の左下の部分に着目すると、CO_2削減費用がマイナスとなっている部分があることがわかる。ここに省エネルギー対策も多く含まれている。つまりこれらの対策は、エネルギーコス

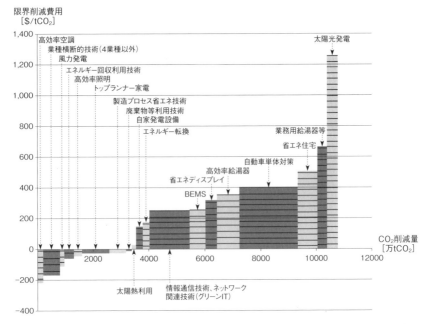

出所：日本エネルギー経済研究所、中期目標検討委員会資料（2009年3月27日）

図13-3　日本のCO_2削減限界費用曲線の例

ト削減分で投資費用を回収することが可能であり、長期的には利益が発生するオプションである。このように、経済合理性があるにもかかわらず、これが放置されている理由が「省エネバリア」といわれるものであり、その結果生じる市場ポテンシャル（現行の市場下での普及量）と経済ポテンシャル（短中期的に経済性のある普及量）の差が省エネギャップといわれるものである。省エネバリアの具体的な事項について表13-1に示す。これらは技術が発達したからといって容易に取り除けるものではなく、政策的な取り組みが必要である。

表13-1 省エネバリアの分類

市場の失敗に起因するもの	a. 不完全情報	・利用者のエネルギー効率についての認識不足 ・優れた省エネ技術情報が他利用者に伝わりにくいこと　など
	b. 逆選択／モラルハザード	・利用者の情報不足により、経済的取引において省エネ性能よりも価格を重視してしまうこと
	c. スプリット・インセンティブ	・取引（契約）の当事者間で利害が一致しないために適切な省エネ行動がとられないこと
市場の失敗に起因しないもの	d. リスク	・新しい技術への信頼性が低い、他への転用が利かないなどの理由で省エネ投資リスクが高くなること
	e. 資金調達力	・資金力に乏しい利用者の外部資金制約
	f. 取引費用	・省エネ対策に関する情報探索や交渉その他の市場取引に掛かる費用 ・利用者の組織内プロセス変更に伴う埋没コスト、構造的要因　など
	g. 機会費用	・エネルギー効率を追求するために失われる様々な便益
	h. 限定合理性	・利用者の認知・判断能力の限界により、必ずしも最適な行動が取られないこと

出所：電力中央研究所　「省エネルギー政策理論のレビュー」（報告番号：08046）

3. エネルギー需給の現状

（図 2-1　口絵）は 2015 年度における我が国のエネルギーバランスフローを示したものである。エネルギーは、生産されてから、実際に消費者に使用されるまでの間に様々な段階を経る。左側で原油、石炭、天然ガス等の各種エネルギーが供給され、電気や石油製品等に形を変える発電・転換部門（発電所、石油精製工場等）を経て、右側の最終エネルギー消費に至る。この際、発電・転換部門で生じるロスまでを含めた我が国が必要とするすべてのエネルギーの量という意味で「一次エネルギー供給」の概念が用いられ、最終的に消費者に使用されるエネルギー量という意味で「最終エネルギー消費」の概念が用いられている。国内に供給されたエネルギーが最終消費者に供給されるまでには、発電ロス、輸送中のロス並びに発電・転換部門での自家消費が発生し、最終消費者に供給されるエネルギー量は、その分だけ減少する。量的には、日本の国内一次エネルギー供給を 100 とすれば、最終エネルギー消費は 68 となる。この供給から消費に至る利用効率を高めることが最も重要であり、冒頭の省エネルギーの定義に立ち返ると、最も上位な層における②の取り組み、利用効率の改善ということになる。

　一次エネルギー供給は、石油、天然ガス、LP ガス、石炭、原子力、太陽光、風力等のエネルギーの元々の形態であるのに対し、最終エネルギー消費では、我々が最終的に使用する石油製品（ガソリン、灯油、重油等）、都市ガス、電力、熱などの形態のエネルギーになる。一次エネルギーの種類別では、原子力、再生可能エネルギー等は、その多くが電力に転換される。一方、天然ガスについては、電力への転換のみならず都市ガスへの転換も大きな割合を占めている。石油については、電力への転換の割合は全体的には小さく、そのほとんどが石油精製の過程を経

て、ガソリン、軽油等の輸送用燃料、灯油や重油等の石油製品、石油化学原料用のナフサ等として消費される。石炭について、電力への転換及び製鉄に必要なコークス用原料炭への使用が大きな割合を占める。LPガスについては、家庭、業務用での消費が主であるが、工業用、化学原料用、自動車用の燃料として多用途に消費されている。

図13-4は、1973年から2015年までの我が国の部門別最終エネルギー消費の推移を表している。2015年には1973年に比べて実質GDPが2.6倍、最終エネルギー消費が1.2倍となっており、需要は増えつつもその利用効率が大きく向上してきたことがわかる。オイルショック以降、産業部門がほぼ横ばいで推移する一方、民生（家庭部門、業務部門）・運輸部門がほぼ倍増した。2015年度の内訳は産業が45％、業務が18％、家庭が14％、運輸が23％である。トータルのエネルギー消費量は90年代後半からほぼ横ばいに推移し、2008年のリーマンショック、2011年の東日本大震災以降減少傾向にある。

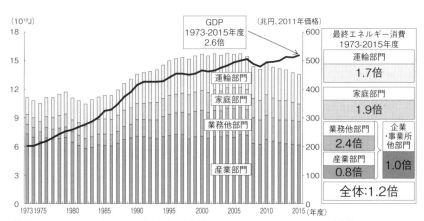

(注1) J（ジュール）＝エネルギーの大きさを示す指標の一つで、1MJ＝0.0258×10−3原油換算kl。
(注2) 「総合エネルギー統計」は、1990年度以降の数値について算出方法が変更されている。
(注3) 産業部門は農林水産鉱建設業と製造業の合計。
(注4) 1993年度以前のGDPは日本エネルギー経済研究所推計。
出典：資源エネルギー庁「総合エネルギー統計」、内閣府「国民経済計算」、日本エネルギー経済研究所「エネルギー・経済統計要覧」を基に作成
出所：エネルギー白書2017年度版

図13-4　部門別最終エネルギー消費量の推移

4. 省エネルギーの必要性

　図13-4に示すように、我が国のエネルギー消費量は減少傾向にあり、今後の人口減少を考えると、将来的にも微減傾向が続くものと予想される。では将来的に、どの程度の省エネルギーが必要なのだろうか？

　エネルギーは、安定に、安価に、必要な量が供給されなくてはならない。どの程度省エネが必要かという問題は、3E+Sというエネルギー政策を考える視点の組み合わせで選択される供給側の事情に規定される。3Eとは、エネルギー安全保障（Energy Security）、環境（Environment）、経済効率性（Economic Efficiency）のEであり、エネルギー自給率が低い日本で、安定的なエネルギー供給を、CO_2対策を含めた問題に取り組みつつ、安価に提供していくことが必要ということである。Sは安全（Safety）であり、東日本大震災時の福島原子力発電所の事故により、改めて重要性が浮き彫りになった指標である。

　この3E+Sは、単一のエネルギー源だけで実現することはできず、エネルギーミックスの視点で考えなければならない。従来の化石燃料消費の効率的転換、原子力の安全な利用、再生可能エネルギーの利用拡大等の供給側の努力に加え、需要サイドの省エネルギーの推進が必要なのである。

　図13-5、図13-6は、2015年に取りまとめられた長期エネルギー需給見通しにおけるエネルギー需要・一次エネルギー供給及び電力需要・電源構成である。

　原子力発電所への依存低減、エネルギー自給率の改善、温室効果ガス削減を両立するためには、再生可能エネルギーの大幅導入に加えて、2030年度に、BAUケース（対策のない自然体ケース）に比べて13%（2013年度比で10%減）のエネルギー需要削減、うち電力に関しては

第13章　エネルギーの有効利用と省エネルギー

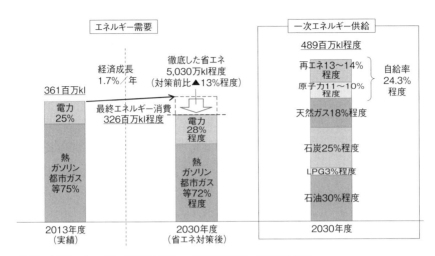

出所：長期エネルギー需給見通し、経済産業省、2015年7月

図13-5　長期エネルギー需給見通しにおけるエネルギー需要・一次エネルギー供給

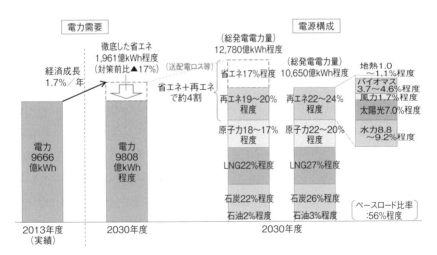

出所：長期エネルギー需給見通し、経済産業省、2015年7月

図13-6　長期エネルギー需給見通しにおける電力需要・電源構成

17%の削減が必要である、とされている。しかし、産業部門などさらなる省エネルギーの深堀が難しい部門もあり、一律に割り当てられるものではない。図13-7に示すように、産業部門の2030年の最終エネルギー需要は2013年度比で増加しているが、業務、家庭、運輸部門ではそれぞれ、2013年度比で14%、17%、16%減という目標水準となっている。これは石油危機後並みの大幅な省エネルギーが必要とされる水準であり、大変厳しい目標といえる（図13-8）。

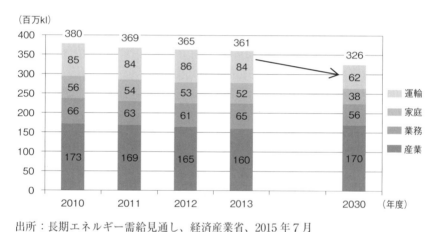

出所：長期エネルギー需給見通し、経済産業省、2015年7月

図13-7　長期エネルギー需給見通しにおける最終エネルギー需要

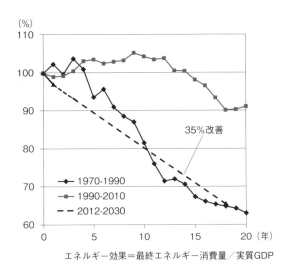

出所：長期エネルギー需給見通し、経済産業省、2015年7月

図 13-8　長期エネルギー需給見通しにおけるエネルギー効率改善

5. 部門別省エネルギー・CO_2 削減対策

部門ごとにエネルギー消費動向を概観し、長期エネルギー需給見通しにおいて取り上げられている省エネルギー対策・CO_2 削減対策について述べる。

（1）産業部門

産業部門とは、製造業、農林水産業、鉱業、建設業の合計であり、2015年度のエネルギー消費全体の 45.3% を占める最大の部門である。そのうちの約9割は製造業が占めている。

製造業は素材系産業と非素材（加工組立型）系産業に大別される。前者は鉄鋼、化学、窯業土石（セメント）及び紙パルプの素材物資を生産

する産業を指し、エネルギーを比較的多く消費し、4つの業種で製造業全体のエネルギー消費の84%を占める（2015年度）。後者の非素材系産業とは、それ以外の食品、煙草、繊維、金属、機械、その他の製造業（プラスチック製造業等）が含まれる（図13-9）。

日本における産業部門のエネルギー利用効率は他国に比べて高い水準にあり、オイルショック以降GDPの増加に対してほぼ横ばい、という状態が継続している（図13-10）。産業界は不断の省エネルギーへの取り組みを続けており、これ以上の省エネルギーは難しいというのが一般的な見方であるが、さらなる追加対策として、以下が挙げられている。

a）素材系4業種（鉄鋼、化学、セメント、紙パルプ）におけるさらなる省エネルギー技術導入
- 次世代コークス製造技術（SCOPE21）
- 環境調和型製鉄プロセス（鉄鉱石水素還元、高炉ガスCO_2分離等により約3割のCO_2削減）
- 二酸化炭素原料化技術（CO_2と水を原料とし、太陽エネルギーを用いて基幹化学品を製造）
- 熱エネルギー代替廃棄物（廃プラスチック等）利用 技術の導入 等

b）業種横断的な産業部門の対策

高効率モータ、インバータ制御、高効率ボイラー、高性能工業炉、産業用ヒートポンプによる加温乾燥プロセスの省エネルギー等である（表13-2）。製造業以外では、農業部門における省エネ設備の導入、省エネルギー漁船への転換なども対策として取り上げられている。

これらの対策を、省エネルギーへの関心が相対的に低い規模の小さい事業体に浸透させていくためには、政策的に高効率機器の導入を後押しすることが重要である。

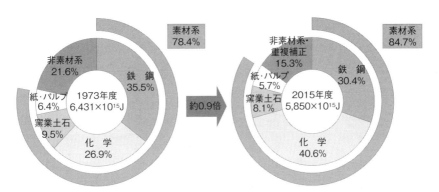

(注1)「総合エネルギー統計」では、1990年度以降、数値の算出方法が変更されている。
(注2) 化学のエネルギー消費には、ナフサなどの石油化学製品製造用原料を含む。
出典：資源エネルギー庁「総合エネルギー統計」を基に作成

出所：エネルギー白書2017年度版[2)]

図13-9　製造業業種別エネルギー消費の推移

(注1)「総合エネルギー統計」では、1990年度以降、数値の算出方法が変更されている。
(注2) 1993年度以前のGDPは日本エネルギー経済研究所推計。
出典：内閣府「国民経済計算」、資源エネルギー庁「総合エネルギー統計」、経済産業省「鉱工業指数」、日本エネルギー経済研究所「エネルギー・経済統計要覧」を基に作成

出所：エネルギー白書2017年度版

図13-10　製造業のエネルギー消費と経済活動

表13-2 産業・転換部門におけるCO_2削減対策（業種横断・その他）

業種	省エネルギー対策名	導入実績 2012FY	導入普及見通し 2030FY	省エネ量 万kL 2030FY	内訳 うち電力	内訳 うち燃料	概要
業種横断・その他	高効率空調の導入	—	—	29.0	15.5	13.5	工場内の空調に関して、燃焼式、ヒートポンプ式の空調機の高効率化を図る。(APF 2012→2030年度) 吸収式冷凍機 1.35→1.4、ガスヒートポンプ 2.16→2.85、HP式空調機 4.56→6
	産業用HP（加温・乾燥）の導入	0%	9.3%	87.9	−19.9	107.8	食品製造業等で行われている加温・乾燥プロセスについて、その熱を高効率のヒートポンプで供給する。
	産業用照明の導入	6%	ほぼ100%	108.0	108.0	—	LED・有機EL等の高効率照明を用いた、高精度な照明技術により省エネを図る。
	低炭素工業炉の導入	24%	46%	290.6	70.8	219.8	従来の工業炉に比較して熱効率が向上した工業炉を導入。
	産業用モータの導入	0%	47%	166.0	166.0	—	トップランナー制度への追加等により性能向上を図る。
	高性能ボイラの導入	14%	71%	173.3	—	—	従来のボイラと比較して熱効率が向上したボイラを導入。
	コジェネレーションの導入	※503億kWh	※1,030億kWh	302.2	—	—	業種横断的にコジェネレーションの導入を拡大し、ボイラ代替等により一次エネルギー消費の削減を図る。※家庭用燃料電池は家庭部門の高効率給湯器の導入で計上。
	プラスチックのリサイクルフレーク直接利用	—	—	2.2	—	2.2	プラスチックのリサイクルフレークによる直接利用技術の開発により、素材加工費及びペレット素材化時の熱工程を削減する。
	ハイブリッド建機の導入	2%	32%	16.0	—	16.0	エネルギー回生システム等により電力を蓄え、油圧ショベル等の中型・大型建機のハイブリッド化を行い省エネを図る。
	省エネ農機の導入	15万台	45万台	0.1	—	0.1	省エネ農機（穀物乾燥・赤外線乾燥機、高速代かき機）の普及を図る。
	施設園芸における省エネ設備の導入	5万台 8万箇所	17万台 35万箇所	51.3	—	51.3	施設園芸において省エネ型の加温設備等の導入により、燃料使用量の削減を図る。
	省エネ漁船への転換	11%	29%	6.1	—	6.1	省エネ技術を漁船に導入。
	業種間連携省エネの取組推進	—	—	10.0	2.0	8.0	業種間で連携し、高効率なエネルギー利用効率を実現する。
	業種横断・その他 計			1,242.7	342.4	424.8	

出所：長期エネルギー需給見通し

（2）業務部門

　業務部門は、企業の管理部門等の事務所・ビル、ホテルや百貨店、サービス業等の第三次産業等におけるエネルギー消費を対象としており、2015 年の最終エネルギー消費の 18％を占めている。1990 年度から 2000 年代の中頃まで増加してきたが、これは、事務所や小売等の延床面積が増加し、それに伴う空調・照明設備の増加、そしてオフィスのOA 化の進展や営業時間の増加等によるものと考えられる（図 13 - 11、図 13 - 12）。2000 年代後半からのエネルギー価格の高騰や 2008 年のリーマンショックを背景に、業務他部門のエネルギー消費量は減少傾向に転じた。2013 年度に一度増加したが、2014 年度以降再び減少した。

　業務部門は用途が多様なだけにその需要構造を把握することが難しく、比較的省エネへの関心が低い中小企業の占める割合が産業部門に比しても格段に多い（図 13 - 13）。したがって 2 節に述べた省エネバリアの影響が大きい分野であるため、資金、人材、情報という不足するリソースを補うような政策が重要である。

　業務部門における省エネルギー・CO_2 削減を実現するための技術としては、建物の省エネ基準適合義務化、ＬＥＤ等高効率照明の普及、高効率冷暖房・給湯設備の導入、トップランナー制度等による機器効率向上、BEMS（ビル用エネルギーマネジメントシステム）による見える化、エネルギーマネジメント等が挙げられる。BEMS による見える化、効率化、設備運用改善により大きな省エネ効果が期待されているが、ただ導入するだけではなく、データを適切に分析する省エネ診断等を合わせて実施し、対策に生かすことが重要である（図 13 - 14）。

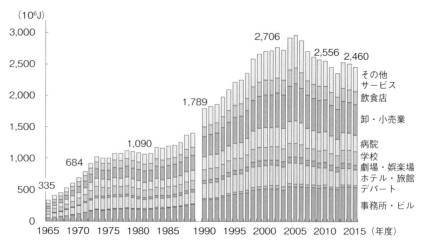

出所：エネルギー白書2017年度版

図13-11　業務部門業種別エネルギー消費の推移

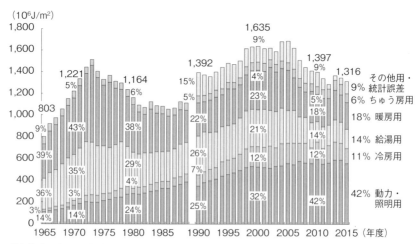

出所：エネルギー白書2017年度版

図13-12　業務部門用途別エネルギー消費の推移

第13章 エネルギーの有効利用と省エネルギー | 257

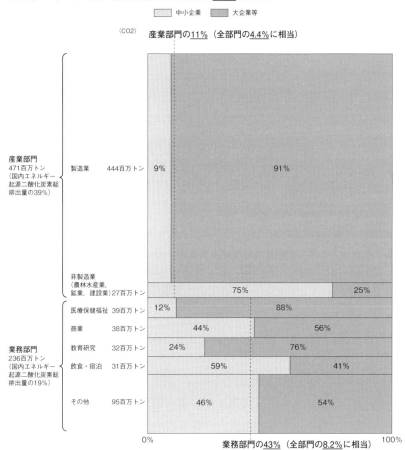

資料：総務省「平成18年事業所・企業統計調査」、資源エネルギー庁「平成19年度総合エネルギー統計」、資源エネルギー庁「平成19年度エネルギー消費統計」基礎データからの再集計・推計（中小企業庁委託により（株）三菱総合研究所試算）

(注) 1. グラフの縦方向の幅は、各業種のエネルギー起源二酸化炭素排出量を表す。
2. ここでいう中小企業とは、中小企業基本法で定義する常用雇用者数規模に該当する企業をいう。
3. 推計方法及び留意点は付注2-1-4を参照。
4. 全部門とは、産業部門、業務部門の他に運輸部門、エネルギー転換部門、家庭部門を含む。

出所：中小企業白書平成22年度版

図13-13　主要業種における中小企業のエネルギー起源二酸化炭素排出量の推計

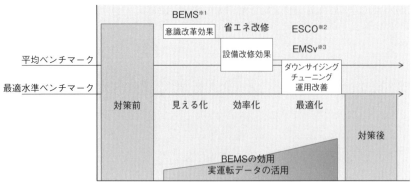

※1 BEMS：Building Energy Management System
※2 ESCO：Energy Service Company
※3 EMSv：Energy Management Service

出所：長期エネルギー需給見通し、経済産業省、2015年7月

**図 13-14　BEMS の活用、省エネ診断等による業務部門における
エネルギー管理**

（3）家庭部門

　2015年最終エネルギー消費の14％を占める家庭部門は、90年代後半ごろから横ばいないし微減傾向にある（図13-15）。住宅性能やエアコン等の効率向上により、暖房用エネルギー消費量は微減傾向にあり、冷房は横ばいである。全体の消費の3割を占める給湯に関しても、電気式ヒートポンプ給湯機や潜熱回収型ガス給湯器等の高効率機器の普及が効いてきたのか減少気味である。動力照明他に関しては、統計によって幾分傾向が異なるが、横ばいか微増という状況である。すでに始まっている人口減、それに伴う2020年以降の世帯減に伴い、我が国の家庭用のエネルギー消費量は全体としても何もしなくてもこれ以上増えることはまずなく、徐々に減っていくものと考えられる。燃料種別にみると、

2015年時点では、灯油、LPガスが減少し、都市ガス、電気が増加しており、電気の割合が半分を超えている（図13-16）。

図13-17は欧米諸国と日本の家庭用エネルギー消費量を各種統計より推計した結果である。日本の家庭はエネルギー消費量が小さく、特に暖房用が小さい。これはもちろん気候の問題もあるが、本質的には暖房の仕方の違いによるものである。セントラルヒーティングによる24時間暖房が主体の欧米と、在室場所のみを在室時間のみ暖房する日本では基本的に暖房水準が異なるのである。給湯は比較的多いが、フランスやドイツとの差は入浴習慣の違いによるところが大きい。

家庭における省エネルギー・CO_2削減対策は、基本的に業務部門と同様であり、住宅性能の向上、冷暖房機器、給湯、照明、その他家電の高効率化等が主であるが、長期エネルギー需給見通しにおいては、HEMS（家庭用エネルギーマネジメントシステム）の全戸導入、及びマネジメントによる高い省エネ効果が見込まれている。

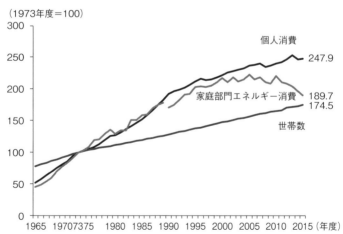

(注) 1993年度以前の個人消費は日本エネルギー経済研究所推計。「総合エネルギー統計」では、1990年度以降、数値の算出方法が変更されている。
出典：内閣府「国民経済計算」、日本エネルギー経済研究所「エネルギー・経済統計要覧」、資源エネルギー庁「総合エネルギー統計」、総務省「住民基本台帳」を基に作成
出所：エネルギー白書2017年度版

図13-15　家庭部門におけるエネルギー消費の推移

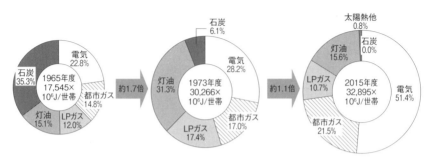

(注1)「総合エネルギー統計」では、1990年度以降、数値の算出方法が変更されている。
(注2) 構成比は端数処理（四捨五入）の関係で合計が100%とならないことがある。
出典：日本エネルギー経済研究所「エネルギー・経済統計要覧」、資源エネルギー庁「総合エネルギー統計」、総務省「住民基本台帳」を基に作成

出所：エネルギー白書2017年度版

図13-16　世帯当たりのエネルギー消費原単位と燃料種別エネルギー消費の推移

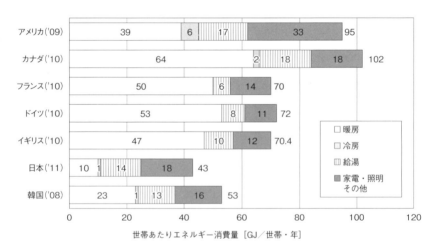

出所：「家庭用エネルギーハンドブック」住環境計画研究所（2014）

図13-17　家庭用用途別エネルギー消費原単位の国際比較

（4）運輸部門

運輸部門は、乗用車やバス等の旅客部門と、陸運や海運、航空貨物等の貨物部門に大別される。運輸部門は、エネルギー消費全体の23%を占めており、このうち、旅客部門が6割を占める（図13-18）。旅客部門の80%が乗用車によるエネルギー消費である。運輸部門のエネルギー消費は、2001年度をピークに下降傾向に転じている。その理由は、旅客も貨物も輸送需要が横ばいになっていること、図13-19に示すように自動車の燃費が改善したことに加え、軽自動車やハイブリッド自動車など低燃費な自動車のシェアが高まったことが大きく影響している。

運輸部門の省エネを進めるためには、さらなるガソリン車の燃費改善やエネルギー効率に優れた電気自動車（EV）、ハイブリッド自動車、クリーンディーゼル車等次世代自動車の普及促進が挙げられる。長期エネルギー需給見通しでは、2030年に2台に1台が次世代自動車になるという想定がなされた。表13-3に示すように、ヨーロッパやアジアでは、乗用車の電動化に向けた動きが進んでいる。

そのほかに、改善策として、インテリジェント交通システム（ITS）の普及、公共交通の利用促進、モーダルシフト、トラック輸送効率の向上、エコドライブの推進、カーシェアリングなど、ソフト的な対策も省エネに大きく貢献するものと考えられる。技術の進展に伴い、自動走行技術などに対する期待も高まっている。平成20〜24年にかけて実施されたエネルギーITS推進事業では、テストコースにおいて、トラックの隊列走行を実現し、1台当たり平均15%程度の省エネ効果を得たという（図13-20）。

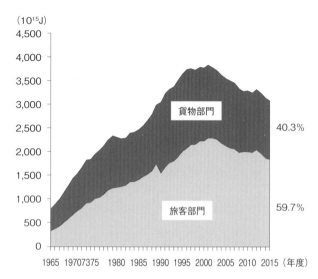

(注)「総合エネルギー統計」では、1990年度以降、数値の算出方法が変更されている。
出典:資源エネルギー庁「総合エネルギー統計」を基に作成

出所:エネルギー白書2017年度版

図13-18 運輸部門のエネルギー消費構成

表13-3 乗用車の新車販売に関する各国の発表内容

フランス	・2040年までに温室効果ガスを排出する自動車の販売を終了する
イギリス	・2040年までに従来型のガソリン・ディーゼル車の販売を終了する
中国	・2019年からNew Energy Vehicleに転換するための規制を導入する
インド	・2030年までにすべての販売車両を電気自動車にする

(出所)フランス:http://www.gouvernement.fr/en/climate-plan
　　　イギリス:https://www.gov.uk/government/news/plan-for-roadside-no2-concentrations-published
　　　中国　　:http://english.gov.cn/state_council/ministries/2017/09/29/content_281475892901486.htm
　　　インド　:http://niti.gov.in/content/achieving-energy-security-country-insights-based-consumption-petroleum-products#
出所:環境省中央環境審議会地球環境部会長期低炭素ビジョン小委員会長期大幅削減に向けた基本的考え方参考資料集、2018年3月

第13章　エネルギーの有効利用と省エネルギー

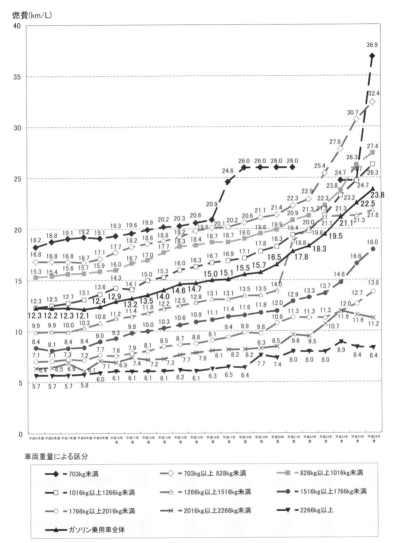

出所：国土交通省
図13-19　ガソリン乗用車の10・15モード燃費平均値の推移燃費（h5-h26）

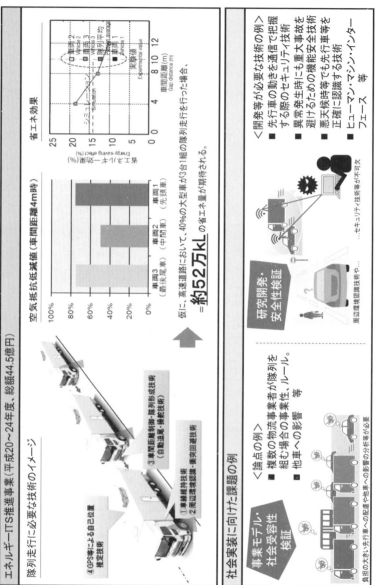

出所:長期エネルギー需給見通し、経済産業省、2015年7月

図13−20 自動走行の推進

6. エネルギー利用効率の改善以外の省エネ

　冒頭に述べた「効用の増加に寄与しないサービス量①''」の低減は、無駄を減らすということであり、基本的な心がけによる無駄の見直しも含まれるが、例えば家庭部門をとっても、ライフスタイルが多様であるため、どのようなサービスが効用の増加に寄与するか否かは、消費者によって判断が異なる。ある意味、面倒なことをしなくてすむ、ということを効用と考えれば、「誰もいない部屋の明かりを消す」ということも①''に含まれない可能性もある。何が無駄か否かは消費者によって判断されなくてはならない。そのためには、各世帯がどこにどれほどエネルギーを使っているか、やはり情報が必要である。それがいわゆる「見える化」であり、近年のスマートハウスの重要な機能の一つに位置付けられている。しかし、ただ見えるだけではおそらく意識の変容、行動の変容につなげるのは難しく、本来は診断が必要であろう。見える化 HEMS（家庭用エネルギーマネジメントシステム）をうまく活用し、データから共通に抽出できる省エネポイントをある程度カスタマイズして自動的にユーザーにフィードバックするような仕組みができれば、さらなる省エネの深堀ができるのではないか。

　「効用の増加に寄与するサービス量（①'）」については、非常時を除いて、本来期待すべきではないが、2011年の震災後の節電行動、そしてそれが数年を経ても定着した事実から考えると、意外に（①'）を減らす余地というのも大きい可能性がある。このような省エネを引き出すためにも、負担感を含めたコストと省エネ効果を消費者が意識できるような仕組みが必要となる。

7. エネルギーマネジメント

　我慢の省エネルギーからスマートな省エネルギーへ、ということで、センサーやネットワークを活用して情報収集を行い、データを分析して適切な管理サービスを提供することで需要家の効用を阻害せず省エネを実現するエネルギーマネジメントへの期待が高まっている（図13-21）。

　例えば、グーグルは、2016年7月、ディープマインドのAI（人工知能）技術をデータセンター内で、空調やファン、窓の調節・開閉など約120の要素の制御と最適化に活用し、その結果空調関連のエネルギー消費量を約40％削減、また全体で15％の省エネを実現したと発表している[1]。データセンター以外の建物においても、AIによって需要を精緻に予測したり、人間の行動を把握・学習して自動的に無駄を排除するなどのエネルギーマネジメントの仕組みが徐々に実装され始めている。

　今後は、スマートメータ化が進み、より多数のデータに基づいて、快適性と省エネ性を両立させるエネルギーマネジメント技術の進展が期待される。

　ただし、表13-4に示すように、エネルギーマネジメントシステムの導入は、長期エネルギー需給見通しにおける見込みに比べてあまり進んでいない。目標達成に向けて省エネルギー法等による規制措置、住宅・建築物のゼロエネルギー化（ZEH化、ZEB化）支援事業等の補助金による支援措置の両輪で、EMSの設備投資を促していく、という方向性が示されている。

---

[1] WirelessWire News、グーグル、ディープマインドのAI技術を自社データセンターの省エネに活用（2016.07.21）
https://wirelesswire.jp/2016/07/54972/

エネルギーマネジメントの実現 ～「我慢の省エネ」から「スマートな省エネ」へ

○センサー情報やネットワークを活用して情報収集を行い、そのデータの解析と課題解決手法を開発することで、競争力のある最先端の工場の実現、ビル・家庭に対し最適環境を提供するサービスを行うビジネスの活性化、社会システムとしてよりスムーズな交通流の実現を目指す。

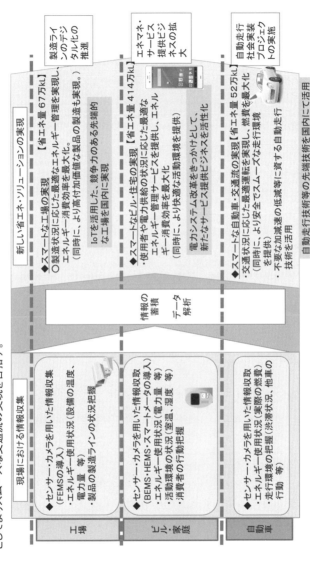

出所：長期エネルギー需給見通し、経済産業省、2015 年 7 月

図 13 − 21　各部門におけるエネルギーマネジメント

表 13-4　エネルギーマネジメントシステム(EMS)の導入実績及び導入目標

対象年度	実績		目標	
	2013	2016	2020	2030
FEMS（工場用）カバー率	5%	6.5%	12%	23%
BEMS（ビル用）普及率	8%	12.3%	24%	47%
HEMS（家庭用）導入世帯数	21万世帯	37.7万世帯	984万	5,468万世帯

産業構造審議会 産業技術環境分科会 地球環境小委員会、中央環境審議会 地球環境部会 合同会合（第47回、2018年2月28日）「2016年度の対策・施策の進捗状況について（経済産業省分）（概要版）」より筆者作成

8. おわりに

　分野ごとに省エネルギー・CO_2削減を実現するための方法論は異なる。産業界（業務部門含む）においては、「経団連環境自主行動計画」に基づいて、各業界団体が自主的に削減目標を設定し、その実現のための対策を推進する、という方策がとられてきており、政府が、毎年度、関係審議会等による評価・検証を実施している。基本的には今後もこのようないわゆるプレッジ＆レビュー方式（自主的な削減目標を掲げ（プレッジ）、削減目標の確認を第三者から受けながら（レビュー）温室効果ガスを削減していく方式）を継続していくことになるだろう。

　家庭部門においては、現状では、機器効率改善等の制度化のほかは啓発的な取り組みが主であるが、より積極的に省エネルギー・CO_2削減を進めるためには、建物省エネ基準の義務化や寒冷地に多い（ヒートポンプ式でない）電気温水器などの効率の低い機器の市場からの駆逐などを聖域なく推し進め、エネルギー利用効率の向上（②）による省エネルギーを着実に定着する必要がある。そして、サービス量に見合う効用が得られているか、そもそもその効用を減らせる可能性はないかという①に関しては、エネルギーマネジメントの計測・見える化機能や、スマートメー

タ等を活用し、データに基づいた適切な提案をいかに効率よく消費者に示していけるかが鍵となるものと考えられる。

運輸部門は、最も消費が多い自動車部門の削減が鍵であるが、住宅よりは買い替えサイクルが短いため、EV等の次世代自動車への更新は比較的取り組みやすい。最終的に温室効果ガスを大幅に削減するためには、ガソリン車から電気自動車・燃料電池車へのシフトは必要であるため、価格低下、インフラの整備等を進めることでフォローしながら進めていく必要がある。また、自動運転やカーシェアリング等ソフト面の技術革新と組み合わせていくことにより、さらに大きな省エネルギー・CO_2削減が実現できるものと考えられる。

研究課題

省エネルギーを実現するためには、単位サービス量当たりに必要なエネルギー消費量、効用の増加に寄与しないサービス量、効用の増加に寄与するサービス量を減少する必要がある。本テキストに記述されている以外の方策で、これらを削減する方法について検討しなさい。

参考文献・Web サイト

1) 資源エネルギー庁エネルギー白書 2017
   http://www.enecho.meti.go.jp/about/whitepaper/2017pdf/
2) 長期エネルギー需給見通し（平成 27 年 7 月 16 日）
   http://www.enecho.meti.go.jp/category/others/basic_plan/#energy_mix
3) 図解 エネルギー・経済データの読み方入門、(財) 日本エネルギー経済研究所計量分析ユニット、2017

14 | エネルギーと生活

岩船由美子

《目標&ポイント》 本章では、我々の暮らしにおけるエネルギーを取り巻く環境変化、今後の方向性などについて学び、家庭部門のCO_2排出削減のための方法について考える。
《キーワード》 電力・ガスシステム改革、電力・ガス小売り自由化、住宅の高断熱化高気密化、住宅用太陽光発電システム、電化、エネルギーマネジメント

1. はじめに

　従来、家庭部門のエネルギーといえば、いかに省エネルギーにするか、という視点で語られることが多く、基本的に供給側から需要側への流れを考えるだけであった。しかし、世界あるいは日本全体でエネルギー・地球環境問題を解決していくためには、単位は小さいものの数が大きく、まとまれば大きなシェアを占める家庭部門の取り組みは重要であり、特に電力部門の様々な問題を解決するためには、需要側（家）と供給側（電力会社）が協調していく必要がある。
　我々の暮らしとエネルギーを取り巻く現状、変わりつつある環境、そして将来の動向について以下に整理する。

2. 日本のエネルギーを巡る環境要因―5つのD―

　参考文献1では、長期的に日本のエネルギーを巡る環境を激変させる

要因として、下記の「5つのD」を挙げている。
  ・人口減少（Depopulation）
  ・分散化（Decentralization）
  ・自由化（Deregulation）
  ・脱炭素化（De-Carbonization）
  ・デジタル化（Digitalization）

　日本は世界に先んじて人口減少（Depopulation）の局面を迎えている。2040年には全国の市町村の半数の存続が危ぶまれ、2050年には全国6割の地域で人口が半分以下になると予測されている。人口が減少した地域では、行政サービスやインフラを従来のレベルで維持することが困難となる恐れがある。送電線やガス配管のようなエネルギーインフラも例外ではない。

　分散化（Decentralization）とは、再生可能エネルギー源が地域的に分散していくことで、これまでとは異なる電力系統・ガスインフラの計画・運用が必要になる。

　自由化（Deregulation）とは、従来自然独占とされてきた電力・ガス事業において市場参入規制を緩和し、市場競争を導入することであり、料金の引き下げや事業における資源配分の効率化を進めることを目的としている。電力は2016年4月から、都市ガスは2017年4月から小売り部門の全面自由化が実施された。

　脱炭素化（De-Carbonization）とは、いうまでもなく、これからのエネルギーを考える上での大前提となるキーワードである。2016年11月4日、2020年以降の温室効果ガス排出削減等のための新たな国際枠組み「パリ協定」が発効され、パリ協定は、歴史上初めて、すべての国が地球温暖化の原因となる温室効果ガスの削減に取り組むことを約束した

枠組みとして，世界の注目を集めた。日本は、国内の排出削減・吸収量の確保により，2013年度比で温室効果ガスの排出を、2030年度までに26％削減、2050年度までに80％削減する目標を掲げている。

　デジタル化（Digitalization）とは、本来は多様な意味を持つ言葉であるが、エネルギーシステム関連では、再生可能エネルギーや蓄電池などの新しい個別技術を、IoT（情報通信技術）やAI（人工知能）などのデジタル技術によって、インフラに統合しその最適運用を実施していく、ということである。インフラ設備の保守・運用を自動ネットワーク技術を用いて効率的に実現することなども含まれる。

　複雑に絡み合うこれらの変化要因に対応しつつ、どのように3E+Sを満足するエネルギー需給を実現していくかを考えていく必要がある。

3. 電力・ガスシステム改革とは

　我々の暮らしに密接な部分で近年大きく変化したのは、電力・ガスの全面自由化であろう。日本では、東日本大震災を契機に、大規模集中電源の停止に伴う供給力不足や、計画停電等が発生し、現行の電力システムの課題が浮き彫りとなり、これを解決するため、電力システムに関する改革に取り組むことになった。電力システム改革の目的は、次の3つである。

1）安定供給を確保する
　　震災以降、多様な電源の活用が不可避な中で、送配電部門の中立化を図りつつ、需要側の工夫を取り込むことで、需給調整能力を高めるとともに、広域的な電力融通を促進する。
2）電気料金を最大限抑制する
　　競争の促進や、全国で安い電源から順に使う（メリットオーダー）

の徹底、需要家の工夫による需要抑制等を通じた発電投資の適正化により、電気料金を最大限抑制する。
3）需要家の選択肢や事業者の事業機会を拡大する
　需要家の電力選択のニーズに多様な選択肢で応える。また、他業種・他地域からの参入、新技術を用いた発電や需要抑制策等の活用を通じてイノベーションを誘発する。

この目的に向かって、
① 広域系統運用の拡大
② 小売及び発電の全面自由化
③ 法的分離の方式による送配電部門の中立性の一層の確保

という3本柱からなる改革を、3段階にわけて進めることとされた。スケジュールを図14-1に示す。ガスに関しても同様のシステム改革が実施され、図14-2に示すように、エネルギー供給システムは、創る部門（発電・LNG基地）、送る部門（ネットワーク部門：送配電線、ガス管）、売る部門ごとに、役割が明確化され、ネットワーク部門は中立性を確保しつつ、創る部門と売る部門で、競争を活性化させるような構造がつくられつつある。

②に関して、電力は2016年4月より、ガスは2017年4月より小売部門の全面自由化がスタートした。一般の需要家は、自由化以前は、その地域の供給を担当する電力・ガス会社から購入せざるを得なかったが、自由化以降、様々な事業所からの購入が可能となり、より安価な電気・ガス、再生可能エネルギー電気、地産地消電気などと選択肢が広がった。なお、2018年3月22日時点で、小売事業者として登録されている事業者数は、電力が465事業者、ガスが57事業者となっている[1]。

1　経済産業省資源エネルギー庁ホームページ（政策／電力ガス）
http://www.enecho.meti.go.jp/category/electricity_and_gas/

2017年9月時点で、実際に電力会社を変更した世帯の割合を表14-1に示す。新電力への契約先の切替え（スイッチング）実績は約7.3%（約459万件）、旧一般電気事業者の自社内の契約の切替え件数（規制→自由）は約5.0%（約313万件）であり、両者を合わせると、約12.3%（約772万件）となる[2]。エリアによっては、新規参入が少なく、選択肢が拡大していない場合もある。家庭を含む低圧需要家においても、料金の低廉化が契約切り替えの最も大きな動機ではあるものの、エネルギーは基本的に燃料調達が必要であり、通信のような、設備投資が主で需要の拡大に伴うスケールメリットによるコスト低下を見込める財と異なり、大幅な料金削減は困難である。そのため、従来料金制度下で、割高な料金体系下にあった比較的消費の多い需要家などを中心にスイッチングが進んでいる。

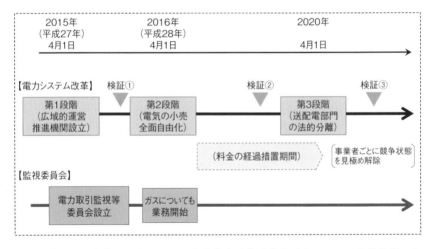

出所：第1回総合資源エネルギー調査会基本政策分科会電力システム改革貫徹のための政策小委員会配布資料、2017年9月

図14-1　電力システム改革スケジュール

2　第25回 制度設計専門会合 事務局提出資料 〜自主的取組・競争状態のモニタリングについて〜（平成29年7月〜9月期）、2017
http://www.emsc.meti.go.jp/activity/emsc_system/pdf/025_07_00.pdf

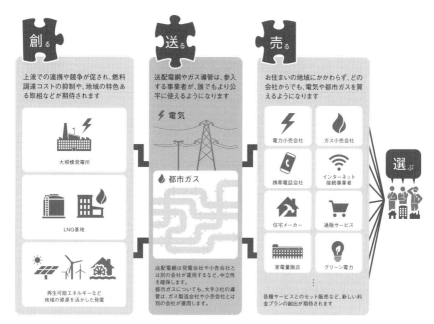

出所:資源エネルギー庁HP

図14-2 エネルギーシステム改革における部門ごとの変化

表14-1 電力スイッチングの申し込み状況

地域別のスイッチング（他社切替）件数

	他社切替実績 【単位：万件】	率 ※ 【単位：%】
北海道	21.02	7.6
東北	17.04	3.1
東京	240.6	10.5
中部	38.04	5.0
北陸	2.78	2.3
関西	99.09	9.8
中国	5.94	1.7
四国	5.34	2.8
九州	28.68	4.6
沖縄	0.00	0.0
全国	458.5	7.3

地域別の自社内契約切替件数

	自社内切替実績 【単位：万件】	率 ※ 【単位：%】
北海道	1.1	0.4
東北	3.9	0.7
東京	80.0	3.5
中部	115.0	15.1
北陸	1.9	1.5
関西	45.4	4.5
中国	41.0	11.7
四国	8.5	4.4
九州	15.8	2.5
沖縄	0.2	0.2
全国	312.7	5.0

出所:電力・ガス取引監視等委員会 電力取引報（平成29年9月実績）

4. 家庭部門の二酸化炭素削減対策

　家庭部門で二酸化炭素を削減する方法としては、以下の4つが挙げられる。
- ・省エネルギー
- ・再生可能エネルギーの導入
- ・電化
- ・エネルギーマネジメント（デマンドレスポンス）

　ただし、住宅といっても様々であり、建て方・所有区分により取り得る対策が異なる（図14-3）。戸建て注文新築住宅は各種の二酸化炭素削減施策がとりやすいが、毎年13万戸程度しか建設されず、建売を併せても年間40万戸強である。この数字は世帯数の減少に伴い今後10年で半減するという見通しもあり、広範囲に省エネルギー・低炭素化を進めるためには、既築住宅対策が重要であるが、取り得る対応は限られる。新築で増加しているセグメントは賃貸集合住宅であるが、建物オーナーへの省エネルギー法等の規制強化以外は、対応が難しい。賃貸集合住宅においては、対策費用を負担するのが建物オーナーであり、受益するのは住まい手であるため、積極的に対策がなされないのである。既築においても、この部分に該当する世帯の割合が大きい。
　以下各4つの家庭部門の対策の可能性について述べる。

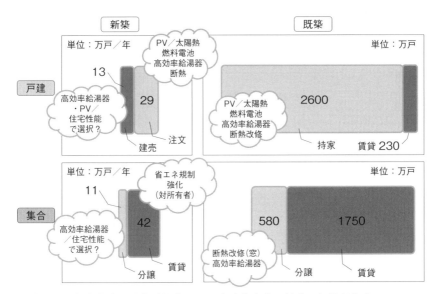

出所：2013年度住宅土地統計調査、2016年度住宅着工統計より著者作成
図14-3 建て方別所有別住宅ストック数及び適用可能なCO_2削減対策

（1）省エネルギー

13章でも述べたように、2030年の長期エネルギー需給見通しが、2015年に策定され、家庭部門においても大きな省エネルギー目標が掲げられている（13章参照）。しかし、一方で、13章図13-17にみたように、日本の家庭は比較的省エネルギーであり、追加的な省エネルギーの余地は大きくないように思われる。家庭で省エネルギーを進める方法は、大きく分けて躯体(住宅性能)の改善、機器の省エネルギー、使い方による省エネルギーの3つに分類される。

1）躯体の省エネルギー

住宅の断熱性気密性向上は、非常に大きな省エネルギー余地であり、

日本では、図14-4に示すよう、無断熱住宅（昭和55年基準を満たしていない住宅）が4割も存在するというデータがある。新築住宅においてすら、日本では住宅断熱基準が義務化されていない。家庭部門に残された大きな省エネルギー余地であるにもかかわらず、技術にばらつきのある中小工務店・大工への配慮やコストアップによる建築主負担増の懸念から、なかなか義務化に踏み込めていない。2018年現時点では、すべての新築住宅における「義務化」は2020年をめどに実施される予定となっている。既築住宅の断熱改修が光熱費削減だけではコスト回収ができない状況であり、少なくとも新築住宅の義務化は早急に実現することが望ましい。

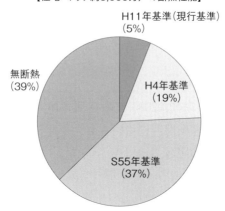

出所：国土交通省
図14-4　住宅断熱性能の実態

新築住宅に関して、住宅の性能向上を図るべく、ZEH（ネット・ゼロ・エネルギー・ハウス）政策が推進されている（図14-5）。ZEHとは、「外皮の断熱性能等を大幅に向上させるとともに、高効率な設備システムの導入により、室内環境の質を維持しつつ大幅な省エネルギーを実現した上で、再生可能エネルギーを導入することにより、年間の一次エネルギー消費量の収支をゼロとすることを目指した住宅」であり、経済産業省では、「2020年までにハウスメーカー等の建築する注文戸建住宅の過半数でZEHを実現すること」を目標とし、普及に向けた取り組みを行っている。上記の目標の達成に向け、2016年度より、ZEH支援事業（補助金制度）において自社が受注する住宅のうちZEHが占める割合を2020年までに50％以上とする目標を宣言・公表したハウスメーカー、工務店、建築設計事務所、リフォーム業者、建売住宅販売者等を「ZEHビルダー」として公募、登録し、屋号・目標値等の公表を行っている（2018年1月現在、6,303社がZEHビルダー登録）。

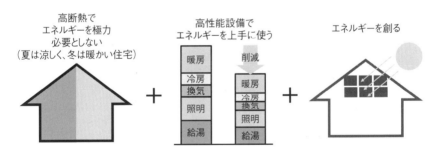

図14-5　ZEH（ネット・ゼロ・エネルギー・ハウス）のイメージ

2）機器の省エネルギー

家電の用途内訳を示した例が、図14-6である。冷蔵庫、エアコン、テレビ、照明などの割合が大きい。家電等に関しては、トップランナー制度が功を奏し、省エネルギーは進んだ。照明のLED化、テレビの液晶化、などによって、リプレイスさえ進めば、今後も安定的に省エネルギーは進むであろう。これから増えそうな家電は、スマホ、タブレットといった情報機器と思われるが、それらは、基本的に消費電力量が小さい。共働きの増加により、衣類乾燥機需要、食器洗い乾燥機需要などは堅調に増えることは予想されるが、全体としては、大物家電のリプレイスさえ進めば、今後も安定的に省エネルギーは進むであろう。

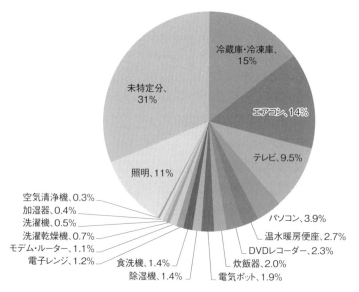

出所：環境省平成27年度家庭部門における二酸化炭素排出構造詳細把握委託業務報告書

図14-6　家庭における電力消費原単位の詳細内訳

3）使い方による省エネルギー

既述の通り、居室のみの冷暖房が基本の日本では、運用改善による省エネルギーの余地は小さい。家庭部門の無駄の一番の大物は待機時消費電力だったが、それもメーカーの努力で削減が進み、そのほかですべての世帯に共通するような大きな削減余地は残されていないように思われる。サービスと効用の関係は消費者によって判断が異なるので、エネルギーデータを用いて診断し、本当に必要なサービスかどうかを判断してもらうことが望ましい。例えば、ペットのための空調なども比較的大きいといわれる。以前フィールド調査の際、不在時にペットのために冷房のみならず、照明もつけている、という世帯に遭遇したこともある。それを無駄と第三者が決めることはできないが、料金とのバランスでその妥当性を検討してもらえる可能性もあり得るのではなかろうか。

（2）再生可能エネルギーの導入

2011年からスタートした再生可能エネルギーの固定価格買取制度により、買取価格が高く、設置までのリードタイムの短い太陽光発電システムの急激な導入が進んだ。特に事業性の良い非住宅用（メガソーラー）の導入量が大きく伸びたが、系統制約や、大規模土地開発に伴うトラブル増加などの問題から、需要地に近い住宅用を積極的に推進すべきという声も大きい。住宅用太陽光発電はZEH政策と関連して、毎年一定の導入はあるものの、年々買取価格が低下するにつれて、その導入は頭打ちの傾向にある（図14-7、図14-8）。2016年度の導入件数は16.1万戸であり、導入が比較的容易な新築戸建て注文住宅の総数が年間13万戸程度しかないことを考えると、住宅への導入を増やすためには、既築住宅への設置をいかに進めるかが重要なポイントである。既築住宅用太陽光発電については、工場出荷から末端に至るまで代理店や販売会社が

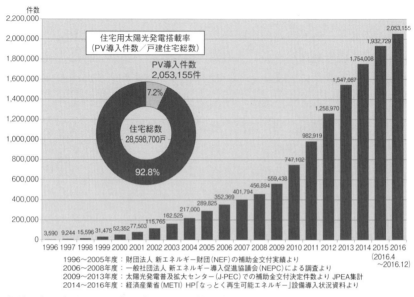

出所：太陽光発電2050年の黎明、一般社団法人 太陽光発電協会、2017年6月

図14-7　住宅用太陽光発電導入件数（累計）

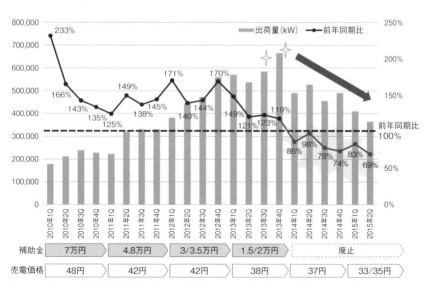

出所：調達価格等算定委員会資料、一般社団法人 太陽光発電協会、2017年12月14日

図14-8　住宅用太陽電池モジュール出荷量の推移

間に入る階層構造が一般的であり、その流通過程で価格が倍以上になるとの指摘もあり、価格低下のための対策が必要である[3]。

（3）電化

（図2-1　口絵）からもわかるように、日本では、国内に供給される一次エネルギーのうち、90％以上を石油、石炭、天然ガスの化石燃料に依存している。最終エネルギー消費では、多くのエネルギーがガソリンなどの石油製品、都市ガスの形態で消費されている。温室効果ガスを2050年までに80％削減するためには、現在の化石燃料への依存を限りなく減らす必要があり、需要端では、可能な限り電化を進め、電気自体を低炭素電源に切り替えていく必要がある（図14-9）。これは日本だけではなく、欧米においても同様に電化が長期的に重要なオプションに位置つけられている。

図14-10の試算例では、2050年に需要の電化によって電力需要は2013年に比べ25％増加するが、非電力エネルギーを大幅に削減でき、最終エネルギー消費全体では半分近くまで削減されている。電源を再生可能エネルギー等の低炭素電源に切り替えることで、全体のCO_2も大幅に削減される。産業部門の場合、鉄鋼、セメント、石油化学などのプロセス上化石燃料の使用が不可避な産業や、高温の直接加熱などの用途で電化が難しい産業も存在する。航空機燃料、長距離走行の自動車なども電化が難しい。このような領域では化石燃料の利用は継続的に残るであろうが、民生部門、短距離走行の自動車に関しては、積極的に電化へシフトする必要がある。家庭部門では、ガソリン自動車から電気自動車へのシフト、暖房給湯におけるヒートポンプ利用などを積極的に進めていく必要がある。

3　経済産業省太陽光発電競争力強化研究会 報告書、2016
http://www.meti.go.jp/committee/kenkyukai/energy_environment/taiyoukou/pdf/report_01_01.pdf

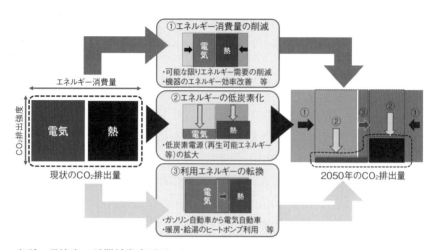

出所:環境省・長期低炭素ビジョン

図14-9 温室効果ガス大幅削減の基本的な方向性

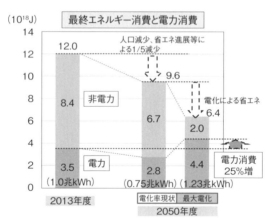

※東京電力ホールディングス(株)経営技術戦略研究所による試算
※電力消費には自家発を含む。
※2013年度の最終エネルギー消費はエネルギー・経済統計要覧(2015)から作成、CO_2排出量は環境省公表値を引用。

出所:東京電力

図14-10 日本における電化による省エネポテンシャル試算例

（4）エネルギーマネジメント

今後太陽光発電等の再生可能エネルギーが増加するにつれ、電力系統の需給バランスを維持するために、様々な柔軟性資源が必要になってくる。その1つが需要側におけるデマンドレスポンス（DR）機能であり、図14-11がDRを含む需要と供給が協調する家庭用エネルギーマネジメントシステム（HEMS）の概念図である。将来的には、料金がお天気によって毎日変動するような仕組みが必要になる可能性がある。例えば、翌日が晴れと予想された場合、太陽光発電がたくさん電気を供給すると見込まれるので、翌日の昼は安い電気料金が提示される。そのような料金シグナルに対して、給湯機がお湯をつくる時間を昼間にシフトする、

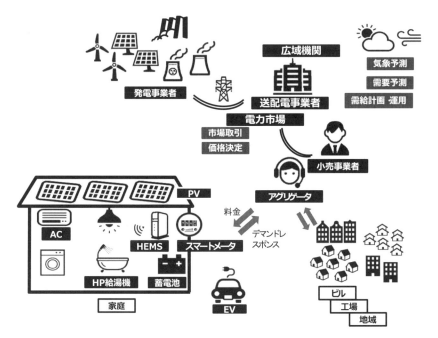

図14-11　需要と供給が協調するエネルギーマネジメントシステム

というようにエネルギーマネジメントシステムが家庭内の機器を最適化する。その結果系統全体の需要が供給側の変動に連動して調整され、需給バランスの維持に貢献することになり、ひいては再生可能エネルギーの導入増加に貢献できるのである。

家庭内の機器にそれほど調整の余地があるのか、ということが大きな問題であるが、それは居住者がどこまで許容・選択してくれるかに依存する。現時点で調整可能機器として考えられているのは、ヒートポンプ給湯機、電気自動車用電池、定置式用の蓄電池など、居住者の効用を阻害しないようなものである。そのほかには、アメリカ等では例がある空調機器も DR 対象の機器となりうる。

HEMS は、CO_2 削減だけではなく、様々な機器を制御することで、我々の暮らしを魅力的にする可能性を秘めており、最近では、各種の IoT 機器とともに「スマートホーム」という形で注目を集めている。空調や照明、シャッター、鍵などを外部端末や声で操作したり、外的環境に合わせて自動的に制御したりする技術が実装され始めている。アップルやグーグルなどのグローバル企業によるスマートホーム分野への参入が活発であり、各社が、デファクトスタンダードをとろうとしのぎを削っている。

5. これからの暮らしとエネルギー

冒頭に述べた通り、日本の人口は今後減少するが、その構成も大きく変わる。2035 年には 3 人に 1 人が 65 歳以上になるといわれており、まさに、世界一の高齢化社会となり、合わせて人口の都市集中、過疎化が進む。このような状況下では、HEMS・スマートホームの役割は拡大する可能性がある。ガソリンスタンドが地方から姿を消し、医療機関に容易にアクセスできない住民もますます多くなり、隣近所が遠くなり、防

犯面の不安も増加する。一人暮らしの老人が増えれば、公的サービスの利用もおのずと限界が生じる。これらのことを考えると、今後さらに、「住宅」を核とした情報技術の役割が拡大するのではないか。ガソリンスタンドが遠ければ、家で電気自動車を充電したほうがよい。近距離ドライブに適し、自動運転等との相性もよいと考えられるため、電気自動車は機能的にも高齢者に適している。また、情報技術を利用して家に居ながら遠方の医療機関の診断を受けることも可能となるだろう、その際には自宅で計測している健康管理データが診断材料になり得る。防犯やセキュリティにも当然 HEMS は貢献できる。つまり、サービスの行き届かない少子高齢過疎化社会では、QOL 向上どころではなく、QOL を現状程度に維持するために、HEMS が必要なのではなかろうか（図 14-12）。

　HEMS は Home Energy Management System の略であるが、業務用の BEMS はもともと Building & Energy Management System の略である。Building と Energy の間に「&」がある。つまり、BEMS は本来エネルギーだけでなく建物全体の設備も含めた総合管理をする仕組みなのである。HEMS も、同様に「&」のついた Home & Energy Management をめざして、もっと総合的なマネジメントシステムに深化する必要があるのではないか。

　QOL 向上のための機能は、HEMS がなくともスマートフォンのアプリといくつかのセンサを組み合わせることである程度実現可能である。HEMS、つまり住宅でなければできないことを提案できなければ、HEMS は消費者に選択されない。そのためには、HEMS が単にエネルギー管理だけではなく、資産としての住宅や生活全般の総合管理ができる必要がある。住宅の新築、改修履歴、今後増えていく太陽光発電や燃料電池、蓄電池などの住設エネルギー機器の運用管理に加え、生活時間、

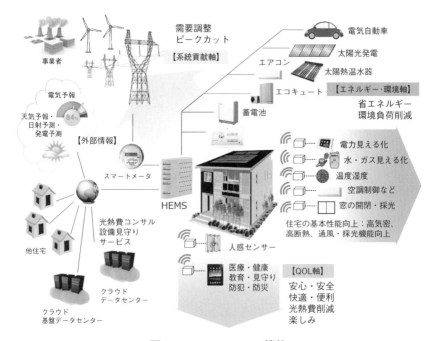

図 14-12　HEMS の機能

健康などの管理などまで広い領域をカバーする必要がある。

6. おわりに

　分散型電源の増加、IoT の進展等、我々の暮らしとエネルギーの環境を取り巻く変化は大きい。環境と調和しながら、経済的かつ安定的にエネルギーを使用していくためには、我々自身もまた、主体となって適切な意思決定をしていく必要がある。供給側にすべてをゆだねる時代は終わり、需要家側の積極的な選択が日本のエネルギーの未来を決めるのである。

研究課題

2節の「5つのD」の影響によって、今後エネルギー産業は大きく変化していくことが予想されている。そのような状況下で、3E+Sをどう実現していくべきか、我々の暮らしの中でどのような選択肢があり得るかについて論じなさい。

参考文献・Web サイト

1) エネルギー産業の2050年 Utility3.0へのゲームチェンジ、伊藤剛、岡本浩、戸田直樹、竹内純子、日本経済新聞出版社、2017
2) 家庭の省エネエキスパート検定公式テキスト改訂4版、一般財団法人省エネルギーセンター、2015

15 | エネルギーと持続可能な社会

堤　敦司

《目標＆ポイント》　持続可能な社会の概念を理解するとともに、それを実現するための課題についてまとめる。そして、生産と消費という一方向ではなく、物質とエネルギーの流れを同時に捉え生産－利用－再生という物質とエネルギーの循環システム（物質・エネルギー環）の重要性に関して議論する。廃棄物や廃エネルギーの問題をまとめるとともに、3R技術や物質・エネルギー再生によるエネルギーと資源の削減について学ぶ。

《キーワード》　SDGs、3R、リサイクル、物質とエネルギー、循環型社会、物質・エネルギー再生、廃棄物問題

1. 持続可能な社会

「持続可能な」（サスティナブル）とは、人類の社会生活、活動が将来にわたって持続できること、あるいは持続できるような方法、仕組み、技術などを指す言葉で、広く経済、社会などの人類の活動に対して用いられるが、エネルギー・環境という文脈の中では、地球温暖化問題やエネルギー・資源の枯渇の問題、さらには、エネルギー・セキュリティや安全・安心などの課題に対して、現在から将来にわたる解決策を見いだしていくことが問われ、低炭素社会とほぼ同義語として捉えられている。

持続可能なエネルギーとは、再生可能エネルギーであるが、化石エネルギーや原子力エネルギー開発を否定するものではなく、将来の再生可能エネルギーを中心としたエネルギーシステムにどのように接続していけばいいのか、持続可能なエネルギー開発を考えることが重要である。

また、単にエネルギーだけでなく、水の問題、レアメタルなど資源の問題、廃棄物の問題など、エネルギーと密接に関連している課題も合わせて同時に解決していく方策を立てることが求められる。

2. SDGs

　SDGs（Sustainable Development Goals の略称、持続可能な開発目標）とは、2015年9月の国連サミットで全会一致で採択された「持続可能な開発のための2030アジェンダ」にて記載された、2030年を期限とする包括的な国際社会全体の開発目標のことで、17のゴールとそれらを達成するための具体的な169のターゲットで構成されている（図15-1 口絵）。

　SDGsのうちエネルギーが直接関わっているのは、ゴール7.「エネルギーをみんなに　そしてクリーンに」で以下のターゲットが挙げられている。

7.1：2030年までに、安価かつ信頼できる現代的エネルギーサービスへの普遍的アクセスを確保する。

7.2：2030年までに、世界のエネルギーミックスにおける再生可能エネルギーの割合を大幅に拡大させる。

7.3：2030年までに、世界全体のエネルギー効率の改善率を倍増させる。

7.a：2030年までに、再生可能エネルギー、エネルギー効率、および先進的かつ環境負荷の低い化石燃料技術などのクリーンエネルギーの研究および技術へのアクセスを促進するための国際協力を強化し、エネルギー関連インフラとクリーンエネルギー技術への投資を促進する。

7.b：2030年までに、各々の支援プログラムに沿って開発途上国、特に後発開発途上国および小島嶼開発途上国、内陸開発途上国のすべての人々に現代的で持続可能なエネルギーサービスを供給できるよう、イン

フラ拡大と技術向上を行う。

　すでに学んだように、エネルギーは工業だけでなく食糧生産、水、交通・運輸、快適な生活などあらゆる人間の活動と関連するとともに、地球温暖化をはじめとして環境保全にも決定的な影響を与える。したがって、エネルギー課題の解決が、SDGsの中でもきわめて重要な課題であると考えられる。

　日本でも、SDGs推進本部の設置と次の8つの実施指針を策定し具体的な施策がまとめられている。この8つの優先課題でエネルギーと密接に関連しているのは、⑤の「省・再生可能エネルギー、気候変動対策、循環型社会」である。クリーンなエネルギーはもちろん、気候変動はエネルギー起源の二酸化炭素が主因で、二酸化炭素排出量の削減には省エネルギーと再生可能エネルギーの導入促進が重要なのはこれまで見てきた通りで、循環型社会の構築にも、物質とエネルギーの流れを総合的に考えていくことが重要である（図15-2）。

- ビジョン：「持続可能で強靱、そして誰一人取り残さない、経済、社会、環境の統合的向上が実現された未来への先駆者を目指す。」
- 実施原則：①普遍性、②包摂性、③参画型、④統合性、⑤透明性と説明責任
- フォローアップ：2019年までを目処に最初のフォローアップを実施。

【8つの優先課題と具体的施策】

①あらゆる人々の活躍の推進	②健康・長寿の達成
■一億総活躍社会の実現 ■女性活躍の推進 ■子供の貧困対策 ■障害者の自立と社会参加支援 ■教育の充実	■薬剤耐性対策 ■途上国の感染症対策や保健システム強化、公衆衛生危機への対応 ■アジアの高齢化への対応
③成長市場の創出、地域活性化、科学技術イノベーション	④持続可能で強靱な国土と質の高いインフラの整備
■有望市場の創出 ■農山漁村の振興 ■生産性向上 ■科学技術イノベーション ■持続可能な都市	■国土強靱化の推進・防災 ■水資源開発・水循環の取組 ■質の高いインフラ投資の推進
⑤省・再生可能エネルギー、気候変動対策、循環型社会	⑥生物多様性、森林、海洋等の環境の保全
■省・再生可能エネルギーの導入・国際展開の推進 ■気候変動対策 ■循環型社会の構築	■環境汚染への対応 ■生物多様性の保全 ■持続可能な森林・海洋・陸上資源
⑦平和と安全・安心社会の実現	⑧SDGs実施推進の体制と手段
■組織犯罪・人身取引・児童虐待等の対策推進 ■平和構築・復興支援 ■法の支配の促進	■マルチステークホルダーパートナーシップ ■国際協力におけるSDGsの主流化 ■途上国のSDGs実施体制支援

図15-2　持続可能な開発目標（SDGs）実施指針の概要

3. 物質とエネルギーの循環利用－物質・エネルギー環－

（1）物質とエネルギーフロー

　図15-3に我が国の各部門におけるエネルギーと物質のフロー図を示した。

　物質生産に投入されたエネルギーの多くは「消費」されるが、一部は素材・製品の物質の中に化学エネルギーとして保存されている。例えば、石油化学産業では、プラスチックはほぼ原料と同質のエネルギーを有しており、投入されたエネルギーの3分の2は物質として流通している。すなわち、化学産業プロセスで消費したエネルギーは3分の1にすぎないのである。また、製鉄産業では鉄1トン当たりに約20～22 GJの化石エネルギーを使って鉄鉱石を還元し、製鉄を行っている。したがって、

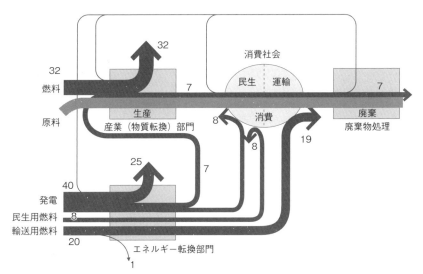

図15-3　我が国のエネルギーと物質のフロー図（数値は全体のエネルギー消費を100とした場合の各部門におけるおよそのエネルギー消費）

エネルギー消費量は鉄1トン当たり約20〜22 GJとなるが、実際はこの一部のエネルギーは消費されたのではなく、鉄鋼に1トン当たり7.4 GJのエネルギーが化学エネルギーとして保存されている。このように物質転換部門で物質（主に鉄鋼、化学品、紙）にエネルギーが保存されており、これが消費社会で利用され、最終的には廃棄物として出てくる。この物質が抱いているエネルギーは日本全体のエネルギー消費量の約7%程度と見積もられる。相対的に物質フローに重なるエネルギーは1割弱と小さいことがわかる。

（2）我が国の物質循環

（図15-4　口絵）は、我が国の物質収支を表している。投入されている天然資源等の物質量13.0億トンのうち、輸入資源は7.2億トンで、石油、石炭など4.9億トンがエネルギー資源で、これは、大部分は燃焼によりCO_2が約12.3億トン大気に放出されている。輸入資源の残りの多くは鉄鉱石等の工業用資源である。国内資源が5.8億トンで、そのうちの大部分は岩石、砂利、石灰石である。リサイクルによる再生資源2.1億トンと合わせて我が国には総物質投入量は15.1億トンになる。一方、エネルギー消費、鉄鋼、自動車等、製品として輸出、食料消費などで一部は流出するが、廃棄物を除いて、国内に6.5億トンの物質が蓄積されている。このうち、多くは岩石、砂利、石灰石等が主で建設物、構造体で、いずれは廃棄物として処理しなければならないものである。

物質収支の中で、廃棄物が5.0億トン発生しているが、2.5億トンはリサイクルされ、一般廃棄物が4,400万トン、産業廃棄物が3.9億トン排出され、減量化処理された後、1,400万トンが最終処分されている。国内の埋め立て最終処分場のキャパシティは限られており、ゴミの削減、減量化が重要な課題となっている。

(3) 3R

　物質に関しては、できる限り3つのR（Reduce, Reuse, Recycle）を駆使し、廃棄物の排出を極力低減していくことが求められており、循環型社会というコンセプトで表現されている。図15-5はプラスチックの3Rの方法をまとめたものである。リユースは、製品の再利用であり、環境負荷が小さく製品を製造するに必要な資源とエネルギーを直接削減することができる。リサイクルは、モノマーに戻すケミカルリサイクル、素材のまま成型加工し再利用するマテリアルリサイクル、主に燃焼させて熱エネルギーとして回収するサーマルリサイクルがある。ケミカルリサイクルおよびマテリアルリサイクルは、一般には単一素材のみが可能であり、不純物を分離・除去してやる必要がある。しかし、一般に製品は単一素材からなるのではなく、複合化されており、金属、無機添加物や異なるポリマーなどがはじめから製品には混入されており、しかも、使用、廃棄、回収の過程で、様々な物質が混入してしまう。不純物を完全に除去するのは困難で、多くのエネルギーとコストを必要とする。このため、PETボトルなど特殊な例を除いて、リサイクルは困難な場合が多い。

　さらに問題なのは、いくらプラスチックをリサイクル、リユースして

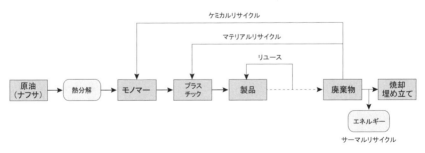

図15-5　プラスチックのリサイクル技術

もエネルギー・資源の消費量を削減するのは難しい点である。もともと、我が国の化学産業は石油精製の副産物であるナフサを原料としている。さらに、ナフサを熱分解し、エチレン、プロピレン、BTXを生産し、これらの基礎化学品からポリマーなどの化学品、化学素材を合成している。ナフサ成分は原油中の1割程度であり、さらにオレフィンセンターで得られるエチレン、プロピレンの量に対して、個別のプラスチック樹脂の量は多くても2割程度、通常数%にすぎない。石油製品はすべて連産品であり、そのうちの一部の製品の需要を削減したからといって、ナフサ需要が、さらには原油消費量が削減されるわけではないのである。我が国の原油輸入量が約2億トンなのに対して、PETボトル用樹脂の生産量は年間60万トン足らずにすぎないことを考えれば、PETボトルのリサイクルが、廃棄物の最終処分場のキャパシティーを延ばすためであり、石油輸入量の削減やCO_2排出量の削減に直接つながるものではないことは理解できる。

また、サーマルリサイクルに関しても、回収できるエネルギーはすべてのプラスチックを合わせても日本のエネルギー消費量の3%程度にすぎず、さらに多くの廃棄物発電の効率が10%程度であることを考えると、プラスチックのリサイクルで多くのCO_2削減は期待できないのがわかる。

(4) 物質・エネルギー再生

物質とエネルギーは保存されているが、ともに利用する過程で劣質化する。劣質化した廃棄物を再生させるには、不純物の分離・精製およびインバースプロセスに多くのエネルギーを必要とする。エネルギー資源量の制約とCO_2排出量の制約に加えて、物質循環の制約（原材料資源量の制約と廃棄物排出量の制約）を考慮すると、できる限り、物質再生

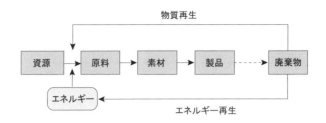

図 15-6　物質・エネルギー再生の概念

とそれに必要なエネルギーの低減を図り、原料資源と生産エネルギーの消費を抑制することが重要となる。また、廃棄物は物質のもつエネルギーを回収（エネルギー再生）するとともに、再資源化し、循環型社会を実現させる。この考えを、模式的に表したのが図15-6である。

（5）物質とエネルギーの併産（コプロダクション）

1）物質生産におけるエネルギー

エネルギーは物質中に化学エネルギーの形態で保存され、物質とともに流通している。石油、石炭、天然ガスといった多くの化学エネルギーを含む化石エネルギー資源から、保有している化学エネルギーから熱および動力・電力を取り出して利用している。これがエネルギー生産プロセスである。

一方、物質生産でも、製鉄や化学のように化学反応をともなうものや、製紙やセメントなどのように焼成したり多量の水を蒸発させたりするものは、エネルギーを多量に消費している。単なる加熱は、燃焼・加熱に替えて自己熱再生化すれば大幅にエネルギー消費を削減することができる。しかし、化学反応をともなう場合、前項でみたように、吸熱反応ならば反応熱を供給する必要があるし、発熱反応ならば除熱する必要があ

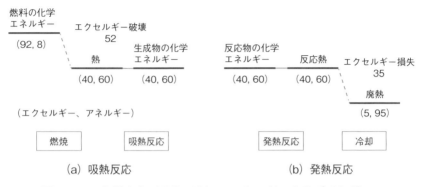

図15-7 物質生産（吸熱反応）のエネルギー変換ダイヤグラム

る。

吸熱反応の場合（$\Delta H>0$）、ΔH分を熱エネルギーとして加える、熱エネルギー→化学エネルギー変換である。転換温度で反応を平衡的に進行させるならば、加える熱エネルギーと得られた化学エネルギーのエクセルギー率は同じで、エクセルギー損失はない。しかし、この反応熱は、一般に燃料を燃焼させ熱を発生させて与えられている。この燃焼過程で大きなエクセルギー破壊が起こる（図15-7(a)）。

一方、発熱反応の場合（$\Delta H<0$）、（$-\Delta H$）分が熱として取り出される。化学エネルギー→熱エネルギー変換である。本来は、転換温度の熱で取り出し得るが、通常は冷却水を使って環境に捨てられている（図15-7(b)）。

2）コプロダクションの原理

前項で示したように、吸熱反応では大きなエクセルギー破壊をともなう燃焼・加熱で反応熱を供給することによって、発熱反応では反応熱を冷却水で環境に捨てることによって、エネルギーのむだ遣いをしている。

そこで、発熱反応と吸熱反応の反応熱をマッチングさせるコプロダク

ション（物質とエネルギーの併産）が考えられる。図15-8にコプロダクションの基本的な原理を示す。図15-8(a)は、化学品Aの生産が発熱反応で、化学品Bの生産が吸熱反応で、発熱反応の反応温度が吸熱反応の反応温度より高い場合、発熱反応の反応熱を吸熱反応に利用する。これは異なる2種の化学品A、Bのコプロダクションで、これまで反応熱として供給していた熱が不要になる。

発熱反応吸熱反応の反応熱は必ずしもうまくマッチングできるとは限らない。そこで、ガスタービンや熱機関や燃料電池の排熱を吸熱反応の反応熱に供給する（図15-8(b)）、発熱反応の熱を回収し熱機関で動力・電力を得る（図15-8(c)）などが考えられる。

このようにエネルギーと物質を併産（コプロダクション）することによって、吸熱反応の反応熱あるいは加熱用の燃料として消費していたエネルギーを大幅に削減することができる。また、発熱反応で得た熱エネルギーは、燃料の燃焼によって供給する場合と比較してエクセルギー損

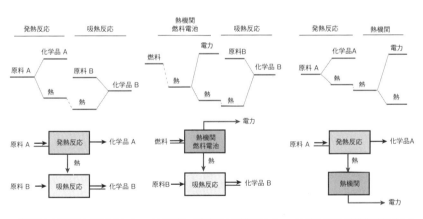

(a) 発熱反応と吸熱反応の組み合わせ　(b) 熱機関・燃料電池と吸熱反応との組み合わせ　(c) 発熱反応と熱機関の組み合わせ

図15-8　コプロダクションの原理

失を大幅に低減することができる。

(6) 物質生産での省エネルギー・エネルギー有効利用

物質生産に投入されたエネルギーは、図15-9にみるように、1) 物質中に保存されたエネルギー、2) エクセルギー損失分、3) プロセス排熱、の3つがある。

①物質中に保存されたエネルギー

物質がもつ化学エネルギーで、最終的に廃棄物とともに廃棄される。したがって、廃棄物を物質として再生させ再利用する（物質再生）か、廃棄物を処理する際にエネルギーを回収するエネルギー再生が有効となる。

②エクセルギー破壊分

プロセスの不可逆性によるエクセルギー破壊で、回収できない環境温度の熱となる。プロセスの改良によって、低減できる可能性がある。例えば、電力や水素として回収するコプロダクションが考えられる。

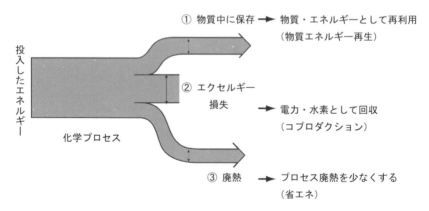

図15-9　物質生産におけるエネルギーの流れとエネルギー有効利用

③プロセス排熱

　低エクセルギー率の排熱で、熱回収やインテグレーションで省エネルギー化することで廃熱量を低減できる。

(7) 物質・エネルギー環

　従来、物質とエネルギーは別個に扱い、生産→消費、供給→需要という一方通行の流れでシステムを考えてきた。しかし、物質はエネルギーのキャリアーであり、我々は物質中に保存された化学エネルギーから熱と仕事を取り出して利用しており、物質とエネルギーは本来、一体として捉えるべきである。そこで、物質とエネルギーを併産（コプロダクション）し、それらを利用した後、完全に再生させる、物質とエネルギーの循環を考える。この概念を「物質・エネルギー環」と呼び、従来のシステムを「物質・エネルギー流」という。この概念図を（図15-10　**口絵**）に示す。

参考文献

平成 28 年度版環境白書、環境省

索引

●配列は五十音順。

●あ 行

圧縮空気　179
アネルギー　85, 88, 89
アノード　208
アルカリ形　203
アルカリ水電解　196
安心　240
安全性　222
アンモニア　190, 191
位置エネルギー（ポテンシャルエネルギー）　82
一次エネルギー　50
一次エネルギー供給　31, 246
一般廃棄物　294
遺伝的影響　230
インテリジェント交通システム（ITS）　261
ウラン　30
ウラン235　219, 225
ウラン238　225
運動エネルギー　81
液化天然ガス（LNG）　25
液体水素　190
エクセルギー　85, 88, 89
エクセルギー再生　154
エクセルギー再生燃焼　125, 154
エクセルギー損失　104
エクセルギー破壊　104
エクセルギー率　91, 114
エネルギー安全保障　248
エネルギーキャリア　190
エネルギー形態　103
エネルギー自給率　238
エネルギーセキュリティ　39, 238
エネルギーチェーン　33
エネルギー貯蔵　174
エネルギー貯蔵システム（ESS）　187
エネルギー熱利用システム　120
エネルギーバランスフロー　241, 246
エネルギー変換　104
エネルギー変換ダイヤグラム　95
エネルギー変換方程式　97
エネルギー保存則　83, 84
エネルギーマネジメント　266, 270
エネルギーモデル　64, 75
エネルギー利用システム　119
エンタルピー　88
エントロピー　85, 86, 87
エントロピー生成　105
オイルリファイナリー　58, 59
温室効果ガス　64, 67, 271

●か 行

加圧水型炉（PWR）　221
カーボンニュートラル　159
改質燃焼　150, 154
海面上昇　69
海洋貯留　74
化学エネルギー　50, 109
化学吸収法　73
科学的特性マップ　229
核エネルギー　50
核変換処理　236
確定的影響　230
確認可採埋蔵量　17, 18
核燃料サイクル　217
核分裂反応　219
核融合反応　219

核融合炉　217, 236
確率的影響　230
可採年数　17, 18
ガス拡散電極　209
カスケード利用　133, 134, 135
ガスサイクル　147
ガスタービン　147, 149, 152
化石エネルギー　31, 51
化石燃料　50, 64
カソード　208
ガソリン機関　147
活物質　183
家庭用燃料電池コジェネレーション　215
過電圧　206
カルノー・サイクル　85, 147
カルノー効率　85, 91, 102, 147
環境影響　50
気候感度　68
気候変動　69
起電力　206
キャパシタ　188
共役　87
グリッド　32
ケミカルリサイクル　295
限界費用曲線　244
原子力エネルギー　51, 71
原子力発電　217
現存被ばく状況　232
広域系統運用　273
高温ガス炉　217, 234
高温水蒸気水電解（SOEC）　196
高温燃焼　125, 150
公害　50
高速増殖炉　217, 235
高断熱化高気密化　270
小売り自由化　270

高レベル放射性廃棄物　225
氷蓄熱　175
小型モジュール炉　234
国際熱核融合実験炉（ITER）　237
国内総生産額　70
コジェネレーション　125, 127
個体高分子形　203
個体高分子形水電解（PEM）　196
個体酸化物形　203
個体酸化物形燃料電池（SOFC）　155
固定価格買い取り制度（FIT）　175
コプロダクション　125, 131, 297

●さ　行

サーマルリサイクル　295
サイクルプロセス　99
最終エネルギー消費　32, 246
再生可能エネルギー　31, 51, 71, 156, 281
最適化型エネルギーモデル　76
酸化還元電位　183
産業廃棄物　294
シェールオイル　24
シェール革命　19
シェールガス　28, 55
示強性状態量（示強変数）　87
仕事トランスミッター（膨張機、WT）　95, 97
仕事レシーバー（圧縮機、WR）　95, 97
自己熱回収　134
自己熱再生　133, 138
持続可能　290
持続可能な社会　290
質量欠損　217
自由化　273
純酸素燃焼法　73
省エネルギー　70, 71, 241

ジュールの実験　83
蒸気機関　147
蒸気原動所サイクル　147
蒸気再圧縮法　137
蒸気タービン　147
小水力発電　156
状態関数（状態変数）　87
状態量　87
示量性状態量（示量変数）　87
新規制基準　223
人工バリア　228
深層防護　222
身体的影響　230
水素インフラ　197
水素エネルギー　192
水素エネルギーシステム　193
水素キャリア　191, 198
水素電極　202
水の熱化学分解　196
スターリング機関　147
スタック構造　210
ステファン・ボルツマンの法則　66
正極　183
石炭　12, 19, 51
石炭ガス化燃料電池システム（IGFC）155
石炭ガス化燃料電池発電（IGFC）　215
石炭ガス化複合サイクル発電（IGCC）153, 215
石油　13, 22, 51
石油危機　16, 44
石油精製　58, 59
浅地中処分　228
潜熱蓄熱　175

●た　行

第4世代炉　234
大気汚染　50
太陽光発電　156, 281
太陽定数　65
太陽熱発電　156
多重効用法　137
ダックカーブ　176
炭素循環　68
炭素バランス　68
地球温暖化　64
地層処分　228
地中貯留　74
地熱発電　156
長期エネルギー需給見通し　248
超々臨界圧火力発電（USC）　151
超電導電力貯蔵（SMES）　179, 181
ディーゼル機関　147
低炭素社会　290
低レベル放射性廃棄物　226
デマンドレスポンス　285
$\Delta G\text{-}T$ 線図　111
電圧効率　208
電化　270
電気エネルギー　50
電気自動車（EV）　176, 199
電気二重層キャパシタ　179, 181
典型7公害　61
電源構成　41
伝熱によるエクセルギー破壊　106
天然ガス　24, 51
天然バリア　228
電流効率　208
電力・ガスシステム改革　270
電力系統　36
電力貯蔵　175

動力・電力利用　119
動力・電力利用システム　120
トカマク型　237

●な　行

内燃機関　147
内部エネルギー　82, 85, 86
ナトリウム硫黄電池（NaS電池）　179
鉛蓄電池　185
ニカド電池（Ni-Cd電池）　186
二次エネルギー　50
二次電池　179, 182
ニッケル水素電池（Ni-MH電池）　179, 186
熱　82
熱エネルギー　50
熱回収　133, 134
熱化学水分解法　197
熱機関　128, 144, 145
熱機関型サイクルプロセス　99
熱交換　106
熱交換温度差　108
熱効率　147
熱と仕事の等価性　84
熱素　82
熱トランスミッター（送熱器、HT）　95
熱のエクセルギーとアネルギー　89
冷熱発電型サイクルプロセス　100
熱力学第1法則　84
熱力学効率　208
熱利用　119
熱量保存の法則　83
熱レシーバー（受熱器、HR）　95
燃焼　126
燃料代替　71, 72
燃料電池　125, 132, 185, 200
燃料電池自動車（FCV）　199

●は　行

バイオ燃料　156
バイオマス　11
バイオマス発電　156
バイオマスリファイナリー　156
廃棄物　294
排熱回収　134
ハイブリッド車（HEV）　186, 199
発がん　231
発電効率　156
発電コスト　156
幅広いアプローチ活動　238
反応熱　110
ヒートポンプ　125, 129
ヒートポンプ型サイクルプロセス　100
光エネルギー　50
非在来型資源　19
避難指示解除準備区域　232
冷ガス効率　194
標準状態　87
標準生成エンタルピー　110
標準生成ギブズエネルギー　110
標準モルエントロピー　110
ピンチテクノロジー　136
風力発電　156
負極　183
複合サイクル（コンバインドサイクル）　152
福島第一原子力発電所の事故　222
物質・エネルギー再生　296
物質・エネルギー環　301
物質・エネルギー流　301
物質循環　294
物質生産　119
物質生産（吸熱反応）システム　120

沸騰水型炉（BWR）　221
フライホイール　179
プラグインハイブリッド車（PHV）　199
プラズマ　237
ブランケット　237
プルトニウム　225
ブレイトンサイクル　152
ブレイトンサイクル　149
フロー電池　179
分極　206
放射強制力　67
放射性廃棄物　217
防護　222

●ま　行
マテリアルリサイクル　295
水電解　179
水電解水素製造　180
水の熱化学分解　196
無効エネルギー　89
メタノール　198
メタノールエネルギーシステム　198
メタノール社会　198
メタンハイドレート　29, 55
モーダルシフト　261
もんじゅ　236

●や　行
有機ハイドライド　190
有効エネルギー　89
揚水発電　179
余裕深度処分　228

●ら　行
ランキンサイクル　147, 152

力学的エネルギー　50, 81
リサイクル　295
リスク　240
リチウムイオン電池　179, 187
リン酸形　203
冷ガス効率　194
冷熱発電型サイクルプロセス　100
冷熱発生型サイクルプロセス　100
レドックスフロー電池　179, 180

●数字・アルファベット順
3E＋S　248
3R　295
A-USC　152
BEMS（ビル用エネルギーマネジメントシ
　ステム）　255
CO_2　64, 65
CO_2 回収貯留　71, 73
EPR　156
GDP　70
HEMS（家庭用エネルギーマネジメントシ
　ステム）　259, 285
IGFC　215
MCFC　203
MOX（ウランプルトニウム混合酸化物）
　燃料　225
NaS 電池　179
PEFC　203
$P-V$ 線図　88
RPS 制度　175
SDGs　291
SOFC　203
$T-S$ 線図　88
ZEH（ネット・ゼロ・エネルギー・ハウス）
　279

分担執筆者紹介

(執筆の章順)

藤井　康正 （ふじい・やすまさ）

・執筆章→ 4

1965 年	神戸市に生まれる
1993 年	東京大学大学院工学系研究科博士課程修了
現在	東京大学大学院工学系研究科教授・博士（工学）
専攻	エネルギーシステム工学
主な著書	エネルギー論（共著　岩波書店）
	エネルギーと環境の技術開発（共著　コロナ社）
	エネルギー環境経済システム（単著　コロナ社）

寺井　隆幸（てらい・たかゆき）　　　・執筆章→ 12

1954 年	兵庫県に生まれる
1983 年	東京大学大学院博士課程修了
現在	東京大学大学院工学系研究科教授・工学博士
専攻	原子力工学・環境エネルギー材料科学
主な著書	新・炭素材料入門（炭素材料学会編　リアライズ社）
	プルトニウム燃料工学（日本原子力学会編　日本原子力学会）
	核融合研究 II（池上英雄編　名古屋大学出版会）
	セラミック工学ハンドブック（第 2 版）（日本セラミックス協会編　技報堂出版）

岩船　由美子（いわふね・ゆみこ）　　・執筆章→ 13, 14

1968 年	秋田県に生まれる
1991 年	北海道大学工学部電気工学科卒業
2001 年	東京大学大学院工学系研究科電気工学専攻博士課程修了
現在	東京大学生産技術研究所エネルギーシステムインテグレーション社会連携研究部門特任教授・博士（工学）
専攻	電気工学・エネルギーシステム工学
主な著書	暮らしの中のエネルギー　環境にやさしい選択（電気学会オーム社）

編著者紹介

迫田　章義（さこだ・あきよし）

・執筆章→ 3, 9

1955 年	京都府に生まれる
1984 年	東京大学大学院博士課程修了
現在	放送大学教授・工学博士
専攻	環境化学工学・吸着工学
主な著書	活性炭（共編著　講談社）
	バイオマス・ニッポン―日本再生に向けて―（共編著　日刊工業新聞社）
	環境工学（共編著　放送大学教育振興会）
	環境工学（改訂版）（共編著　放送大学教育振興会）
	エネルギーと社会（共編著　放送大学教育振興会）

堤　敦司 (つつみ・あつし)

・執筆章→ 1・2・5〜8・10・11・15

1956年　香川県に生まれる
1986年　東京大学大学院博士課程修了
現在　　東京大学教養学部附属教養教育高度化機構環境エネルギー科学特別部門特任教授・博士（工学）
専攻　　エネルギープロセス工学，粒子・流体工学
主な著書　Advanced Energy Saving and its Applications in Industry（共著　Springer）
　　　　燃料電池：実用化への挑戦（共編著　工業調査会）
　　　　Advances in the Science of VICTORIAN BROWN COAL（共著　Elsevier）

放送大学教材　1930036-1-1911（テレビ）

改訂新版　エネルギーと社会

発　行　　2019 年 3 月 20 日　第 1 刷
編著者　　迫田章義・堤　敦司
発行所　　一般財団法人　放送大学教育振興会
　　　　　〒 105-0001　東京都港区虎ノ門 1-14-1　郵政福祉琴平ビル
　　　　　電話　03（3502）2750

市販用は放送大学教材と同じ内容です。定価はカバーに表示してあります。
落丁本・乱丁本はお取り替えいたします。

Printed in Japan　ISBN978-4-595-31954-9　C1350